욜로 패밀리

한 번뿐인 인생 가족 혁명 프로젝트

욜로 패밀리

초 판 1쇄   2019년 06월 17일

지은이 박준영, 백윤정, 육철민, 김민정, 박정원
펴낸이 류종렬

펴낸곳 미다스북스
총괄실장 명상완
책임편집 이다경
책임진행 박새연 김가영 신은서
본문교정 강윤희 최은혜 정은희

등록 2001년 3월 21일 제2001-000040호
주소 서울시 마포구 양화로 133 서교타워 711호
전화 02) 322-7802~3
팩스 02) 6007-1845
블로그 http://blog.naver.com/midasbooks
전자주소 midasbooks@hanmail.net
페이스북 https://www.facebook.com/midasbooks425

© 박준영, 미다스북스 2019, *Printed in Korea*.

ISBN 978-89-6637-680-3 03590

값 15,000원

한 번뿐인 인생 가족 혁명 프로젝트

욜로 패밀리

박준영 기획 | 박준영, 백윤정, 육철민, 김민정, 박정원 지음

미다스북스

YOLO! 우리 인생도, 가족도 한 번뿐이다!

우리에게 두 번의 인생이 주어진다면 지금의 삶이 어떻게 달라질까? 만약 나에게 그런 일이 벌어진다면 첫 번째 삶은 내일을 생각하지 않을 것이다. 빚을 지더라도 마음껏 하고 싶은 일을 할 것이다. 하지만 두 번째 삶은 첫 번째 삶을 경험 삼아 진정한 가치를 이루는 삶을 추구할 것 같다.

우리 모두에게 주어진 삶은 단 한 번뿐이다. 미리 경험할 수도 없다. 그렇기 때문에 매 순간 도전을 선택하고 성공과 실패를 거름 삼아 다음 삶을 이어가야 한다.

tvN 〈꽃보다 청춘〉에서 류준열 씨가 한 외국인 여행객에게 이런 말을 들었다.

"You only live once!"

그 장면을 보면서 내 마음에 작은 파장이 느껴졌다. 인생이 한 번뿐이라는 사실은 이미 잘 알고 있었다. 다만 오늘 이곳에서 내가 그렇게 사는지에 대한 확신은 없었다.

부끄러운 고백을 하자면 나는 목숨 걸고 어떤 것을 시도해본 적이 별로 없었다. 그다지 열심히 인생을 산 것 같지 않다는 생각이 들었다. 대학은 성적에 맞추어 진학했고 군대에서 교회를 다니기 시작했다. 누군가가 목사의 삶을 제안했고 대학 졸업 즈음 그것도 괜찮겠다는 생각이 들었다.

목사로서의 삶은 행복했다. 나의 개성 또는 영성이 유머러스한 입담과 만나 교인들도 나도 즐거웠다. 내가 가지고 있는 것으로 최선을 다하고 주어진 것에 만족하며 살았다. 그런 평안한 삶 중에 '욜로'라는 단어가 나를 흔들었다. 정말 나중에 시간이 흘러도 후회하지 않을 삶을 살고 있는지 의문이 들었다. 그런데 다시 생각해도 후회하지 않을 수 있고 그때까지 정말 목숨 걸고 한 일이 딱 하나 있었다. 가족의 구성원으로서 살아가는 것 말이다.

내가 가진 가족에 대한 열정은 나의 부모님 때문이라 할 수 있다. 어머니로부터 받은 바른 삶의 기초가 바탕이 되었다. 또 부모님의 긍정적인 혹은 부정적인 영향이 나의 열정에 기여하였다.

부모님은 결혼한 지 2년이 채 되지 않아 이혼하셨다. 부모님과 함께 산 기억은 없다. 아버지나 어머니와 함께 산 것도 총 3년이 안 된다. 아버지는 너무 무책임하셨다. 어머니를 통해 삶의 보편적인 가치관을 세울 수 있었지만 함께 산 기간이 너무 짧았다.

　이런 환경에서 자라다 보니 한 가족의 가장이 된다는 사실에 막연한 두려움을 느끼게 되었다. 결혼 자체는 물론 자녀 양육 역시 그랬다. 좋은 남편, 좋은 아빠로서 잘 살 수 있을지 확신이 없었다.

　긍정적인 마인드와 종교적 신념으로 아내와 '무사히' 결혼했지만 가족의 삶은 만만치 않았다. 목사라서 어디 하소연할 때도 없고 속으로만 끙끙 앓았던 적도 많다. 그렇다고 포기할 수 없었다. 아니 포기하기 싫었다. 포기는 언제든지 할 수 있으니까 후회가 남지 않도록 목숨 걸고 해보고 싶었다. 내가 할 수 없는 것은 될 때까지 기다렸다. 그렇게 우리 부부는 새로운 변화를 맞이하며 진짜 부부로 성장해갔다.

　진짜 부부로 성장하는 과정에서 자녀 양육이 좋은 동기가 되었다. 아내는 자녀를 양육하며 마음속 막연한 두려움을 발견했지만 지난한 노력을 통해 떨쳐낼 수 있었다. 나 역시 자녀 양육을 통해 어린 시절의 상처를 말끔히 씻는 생각지 못한 성과를 얻었다. 평등한 부부 간이라도 위아래의 질서가 있다는 것을 서로 인정하면서 싸움은 줄어들었고 관계는 더욱 좋아졌다. 그때부터 가족이 안정되고 구성원 모두가 제대로 성장하기 시작하는 것이 느껴졌다.

우리 가족은 총 6명이다. 4남매를 키우면서 크고 작은 많은 문제가 있었다. 무엇보다 육체적, 정신적으로 정말 힘이 들었다. 하지만 각자의 위치에서 자기 역할을 잘 해내는 아이들을 보면 너무나 뿌듯하다.

관계나 금전 문제 등 해결되지 않은 문제들도 여전히 있다. 이런 문제들 때문에 가족으로서의 삶이 행복하지만은 않다. 하지만 가족으로서의 삶을 통해 얻는 유무형의 행복은 내가 느끼는 불행에 비하면 훨씬 크다.

'욜로'를 추구하는 '욜로족'을 바라보는 기성세대의 시선은 매우 부정적이다. 결혼도 출산도 포기한 채 공동체를 등지고 자기만 아는 사람처럼 여겨지기 때문이다. 즉, 자기의 행복만 추구하는 이기적인 집단으로 보는 것이다.

그런 면이 없지는 않겠지만 그렇다고 함부로 돌을 던져서는 안 된다. 개인의 가치가 국가의 가치와 다를 바 없게 된 시대의 변화와 함께 우리의 마음도 변화를 맞이해야 한다. 나와 다른 방식으로 살아가는 삶도 인정할 수 있어야 한다. 한 번뿐인 인생을 후회 없이 살기 위해서 자신의 삶은 스스로 결정하고 책임져야 한다. 그렇기 때문에 타인에게 특별한 해를 주지 않는다면 자기만의 행복을 추구하는 사람들에게 돌을 던져서는 안 된다.

다만 결혼이나 출산을 행복을 막는 걸림돌처럼 여기는 젊은 사람들의 생각은 참 속상한 대목이다. 분명 결혼도 출산도 넘어야 할 산이 정말 많다. 굳이 위험한 산을 넘기보다 그 자리에서 안정을 추구하는 것도 나쁘지 않다. 하지만 이곳보다 더 좋은 것들이 산 너머에 있다는 것을 알면 그 자리를 박차고 일어서게 될 것이다. 목숨을 걸고서라도 얻을 만한 가치가 있다는 것을 알면 두려움을 이길 수 있을 것이다. 당장의 안정을 유지하고 막연한 두려움 때문에 '욜로'를 핑계 삼는다면 한 번뿐인 인생을 허비하는 것이다.

해도 후회, 안 해도 후회하는 것이 결혼이라면 해보고 후회하는 편이 낫다. 그리고 이왕 할 거면 살짝 맛만 보지 말고 제대로 맛을 알면 좋겠다. "스님이 고기 맛을 알면 절간에 이가 사라진다."라는 우스갯소리처럼 가족의 맛을 제대로 경험하면 뿌듯한 성취감으로 깊은 행복감을 느낄 수 있을 것이기 때문이다.

건강한 가족이 되기 위해서 내가 해야 할 일이 무엇인지 알고 가족 구성원과 함께 공유할 수 있다면 충분히 가능한 일이다. 지금 이곳에 함께하는 가족을 유일한 가족으로 여기고 최선을 다하는 이 땅의 욜로 패밀리를 응원한다. 힘든 일 뒤에 반드시 좋은 일이 있음을 믿고 끝까지 힘을 내시길 바란다.

차례

1장   나는 가족이 힘들다

4장 욜로 패밀리 되는 7가지 프로젝트

5장 욜로 패밀리가 사는 풍경

|백윤정 패밀리|

"You Only Live Once!"

1장

/

나는 가족이 힘들다

–

고통으로부터 건져 주시고
그의 가족을 지켜 주시나니
– 시편 107편 41절

YOLO

한 번뿐인 인생,
무엇을 위해 살까

> 그래도 행복하게 사세요.
> – 마더 테레사

오늘을 살고 내일을 꿈꾸자

"당신의 인생은 한 번뿐이다."

〈꽃보다 청춘–아프리카 편〉에서 배우 류준열 씨가 외국 여행객으로부터 들은 말을 자신의 핸드폰에 메모를 하는 장면이 방송을 탔다. 방송 중 등장한 이 문장은 사람들의 마음을 흔들기에 충분했다. 방송 이후 'YOLO'라는 신생어가 급속도로 퍼졌으니 말이다.

언어는 생각의 흐름을 만든다. 그 생각이 대중의 생각이 되어 흐르기 시작하면 문화 현상으로 나타난다. 대부분의 대중문화는 한 시대를 풍미하고 사라지지만 어떤 대중문화는 시대를 넘어 가치로 남기도 한다.

1장_나는 가족이 힘들다 17

인간은 자신이 살고 있는 시대에 영향을 받고 그 안에서만 삶을 찾을 수밖에 없는 한계가 있다. 다수가 따르는 흐름이 때론 우매한 방향이기도 하지만 그 흐름엔 분명 끌리는 무언가가 있다. 많은 사람이 하는 그 일을 나도 함으로써 동질감도 느끼고 새로운 것을 시도할 때 실패하고 싶지 않기 때문에 그런 듯하다. 그렇기 때문에 별점이 높은 레스토랑에 방문하고 베스트셀러를 구입하는 것이 아닐까 한다.

'욜로'라는 대중의 흐름 역시 분명 끌리는 무언가가 있다. 하지만 대중의 흐름을 비판 없이 따라가는 것은 도리어 욜로를 퇴색시키는 결과를 낳는다. 대중의 흐름 안에서 '나 자신'을 잃게 되면 더이상 욜로가 아닌 것일 수 있기 때문이다.

인간은 모방을 통해 새로운 경험을 하고 자신을 찾아 완성되어가는 존재이기 때문에 흐름을 따르는 것이 나쁜 것은 아니다. 다만 '나 자신'을 잃지 말자는 것이다.

부모와 사회의 기대에 쫓겨 삶의 목적과 우선순위를 생각할 겨를도 없이 열심히 달리기만 하던 사람들에게 욜로는 분명 긍정적인 작용을 했다. 타인이 아닌 '나'가 주체가 되어 살아가는 삶의 흐름을 만들었다고 여겨진다.

'나만을 위한 삶은 곧 이기적'이라는 등식에서 벗어나 자신을 찾아 여행을 떠나고 소확행에 의미를 부여하며 일상을 새롭게 했다. 미래를 위한 대비가 너무 지나쳐 잃었던 오늘의 행복을 다시 찾은 듯 욜로는 그렇게 우리 삶에 자리 잡은 듯했다.

'욜로'를 추구하는 사람들을 '욜로족'이라고 한다. 일부 '욜로족'은 기성세대에게 자기들만 아는 이기적인 집단이라고 여겨진다. 자신들의 행복만 중요하게 생각하고 공동체의 행복은 고려하지 않는다고 생각하기 때문이다. 특히 당장 눈앞의 삶이 힘들다는 이유로 결혼과 출산을 기피하는 부분에서 더 그렇다.

개인적으로 욜로족이 자기만 아는 이기적인 집단이라고 생각하지는 않는다. 결혼과 육아는 언제나 힘든 것이고, 이제 남들도 다 하니까 나도 하는 시대는 아니기 때문이다. 그럼에도 불구하고 욜로가 너무 개인만을 향해 흐르고 있는 것은 아닌지 우려되는 면도 있다.

내일의 행복도 중요하지만, 오늘의 행복도 중요하다. 내일을 위해 오늘을 희생하는 것은 어리석은 일이다. 그런 면에서 욜로는 일시적인 현상이라기보다 막연한 미래를 향한 두려움을 내려놓고 오늘의 삶을 살아갈 수 있는 좋은 대안이라고 본다.

하지만 내일을 무시하고 사는 오늘이 온전히 행복할 리 없다. 오늘이 아니면 대비할 수 없는 내일의 일도 한 번 더 생각할 수 있어야 한다. 내일 걱정은 내일이 하도록 두고 오늘의 행복을 즐겨야 하지만, 오늘 해야 할 일 중에는 내일의 대비 역시 있으므로 미루지 말아야 한다.

기성세대가 욜로족을 가장 많이 비난하는 이유인 결혼과 출산 기피 현상은 욜로족의 책임으로만 돌려서는 안 된다. 불평등한 사회 구조나 건강한 시민 의식의 부재 역시 기피 현상에 대한 책임이 있기 때문이다.

육아와 가사가 여성에게 너무 몰려 있고 출산으로 인해 경단녀(경력단절여성)가 되면 자신의 의사와 상관없이 사회로의 복귀가 어려워진다. 최근에 제도적으로나마 저녁 있는 삶을 만들려는 분위기가 생기고 있어 참 다행이지만 이것이 시민 의식까지 바꾸려면 아직 더 많은 시간이 필요할 것 같다.

우리 사회가 직면한 많은 문제에도 불구하고 결혼과 출산은 결국 삶의 가치 정립에 대한 것이라 환경 탓만 하는 것은 잘못된 태도라고 본다.

함께하는 욜로가 더 행복하다

결혼과 출산에 큰 에너지가 드는데도 불구하고 여전히 그 일이 지속되는 이유는 무엇일까?

'종족 번식의 본능' 같은 답이 생각났는가? 동물들 역시 마찬가지니 인간만의 이유를 찾아보면 좋겠다. 간단하고 분명한 이유가 있다. 잃는 것보다 얻는 것이 더 많기 때문이다.

인간은 홀로 삶을 영위할 수 없다. 또 다른 사람이 반드시 필요하다. 문제가 생기면 함께 머리를 맞댈 수 있고 삶이 힘들어지면 서로의 어깨를 내어줄 수 있는 사람이 필요하다. 그것이 친구나 동료가 될 수도 있지만 아무래도 가족만큼 좋은 것은 없어 보인다.

　물론 제대로 기능을 발휘할 때 그렇다. 역기능 가정일 경우 오히려 가족은 가장 치명적인 독으로 작용한다. 부부의 불화와 부모의 폭력이 대를 이어 유전되어 오늘의 삶을 해치는 독이 되는 경우가 많다. 그럼에도 가족은 모두의 근원이기 때문에 등한시할 수 없다.

　나는 두 살이 되기도 전에 친척의 손에 맡겨졌다. 부모님은 이혼했지만, 아버지는 나를 양육할 의사가 없으셨고 어머니는 자신이 없으셨다. 좋은 친척들의 보살핌을 받았지만 정서적으로 안정되지 못한 나의 유년 시절은 늘 불안하기만 했다.

　성인이 되어 결혼할 나이가 되자 결혼 자체가 매우 두려웠다. 다행히도 두려움을 극복하고 많은 위기도 잘 넘기며 행복한 가족을 이루고 살아가고 있다. 과거의 수많은 상처들이 남편과 아빠로 살아가는 데 큰 위협이 되는 듯했지만 도리어 건강한 남편과 아빠로 살아가는 기폭제로 작용했다.

　불과 20년 전만 해도 결혼과 출산은 당연한 명제였다. 굳이 가족의 가치에 대해 논할 필요도 없었다. 남자와 여자가 만나 남편과 아내가 되고, 그렇게 자녀를 낳아 부모가 되어갔다. 그 부모 밑에서 자란 아이들이 부부와 부모가 되어 또 다른 생명에게 삶의 기회를 부여한다. 무엇과도 바꿀 수 없는 행복한 삶의 기회를 부모와 자녀가 주고받은 것이다.

만약 자신의 삶에 대해 '차라리 태어나지 말았으면' 하는 생각이 들면 참 불행할 것이다. 내가 그런 감정을 겪었기 때문에 잘 안다. 나는 진짜 행복할 수 없다고 생각했다. 나를 알아주는 사람이 세상에 단 한 사람도 없다며 스스로를 가장 불쌍하게 느꼈다. 그런 느낌이 짙어질수록 외로움도 함께 더 짙어졌다. 누군가를 만나고 싶다는 생각이 커질수록 두려움의 크기도 함께 비례했다.

그 시절을 돌아보면 당시에는 희망을 찾을 수 없었는데 지나고 보니, 나 스스로가 마음을 닫고 희망을 보지 않으려고 했다는 것을 깨닫게 되었다. 그때는 어쩔 수 없었지만 더 이상은 아니다. 마음이 조금씩 건강해지고 내면이 성장하면서 '나는 무엇이든 선택할 수 있고 어떤 미래든 만들어 갈 수가 있다.'라는 자신감이 생겼다.

나의 내면이 건강하게 성장할 수 있었던 것은 지금의 내 가족 덕분이다. 사랑하는 내 아내와 무엇과도 바꿀 수 없는 네 명의 자녀들 말이다.

한 번뿐인 인생 무엇으로 살 것인가? 오늘의 행복을 누리는 삶은 무엇과도 바꿀 수 없다. 그리고 오늘의 행복은 혼자보다 가족과 함께 누릴 때 더욱 커질 수 있다. 나만을 위한 삶을 넘어 함께 누리는 행복으로 흐름이 바뀌면 나만의 행복이 진짜 행복이 아니었다는 것을 비로소 알게 될 것이다. 나에게 다시 기회를 주어도 나는 가족으로 살 것이다. 혼자만의 '욜로'보다 더 행복한 함께하는 '욜로 패밀리'로 말이다.

가장 가깝고도 멀기만 한 가족

집으로 가지 않는 것은 이미 죽음이나 마찬가지이다.
– 캐서린 토블러

탓하지 말라

이원복 작가의 『먼 나라 이웃 나라』는 우리에게 익숙하지 않았던 나라의 역사를 소개하며 우리에게 많은 시사점을 던져 주었다. 역사란 한 나라의 흥망성쇠에 대한 내부 사건과 아울러 외부 나라와의 복잡한 관계에 관한 기록이라 할 수 있다.

우리나라 입장에서 '먼 나라 이웃 나라'라는 타이틀에 가장 가까운 나라는 일본일 것이다. 경제적인 관계에서는 서로에게 뗄 수 없는 협력국이지만 식민 역사에 대한 아픈 기억이 있기 때문이다.

두 나라 사이에 발생한 과거의 아픈 기억은 해결되어야 한다. 아픔을 준 가해자가 진심 어린 사과를 하든지, 일방적으로 당한 피해자가 상처를 던지고 일어서든지, 아니면 그 두 가지 일이 함께 일어나든지 하면 된다. 참 쉽고 간단해 보이지만 양국의 정서와 국제 정세와 맞물려 참 복잡하게 돌아가고 있는 듯하다.

멀고도 가까운 이런 관계가 비단 국가 간에만 일어나는 것은 아니다. 우리 삶에서 가장 피부에 와닿는 관계는 아마도 가족이 아닐까 싶다. 세상 어떤 관계와도 비할 수 없이 가까워야 하지만 또 이렇게 가까워야 한다는 생각 때문에 더 멀어지기도 한다. 사랑을 주고받아야 할 가족 관계에서 상처만 주고받는 경우가 참 많다.

가족 간의 상처를 치유하고 극복하는 것은 국가 간의 그것보다 객관적으로 훨씬 수월해 보인다. 하지만 그 일을 겪고 있는 당사자들에게는 쉬운 문제가 아니다. 여러 복잡한 관계, 즉 남편과 아내, 부모와 자녀, 시댁과 처가 등이 얽힌 복잡한 관계 때문에 결코 쉽지 않다. 어쩌면 국가 간보다 더 어려울 수도 있다. 국가 간의 문제야 정치적으로 주고받으며 풀어갈 수도 있지만 가족 문제는 마음이 보듬어져야 하기 때문이다.

부부간의 불화가 지속되면 약자인 여자들의 상처가 더 깊다. 자녀들은 자연스럽게 약자인 엄마의 편이 되고 엄마 역시 남편보다 자식들과 심리적으로 가깝게 된다. 어쩔 수 없는 현상이지만 이 일로 인해 가족의 분열은 더 가속되고 관계가 나날이 악화된다.

사람은 강자보다 약자의 편에 서는 것을 옳다고 여긴다. 강자의 편에서는 것은 자신의 이익만을 위해 사는 나쁜 것이고 약자의 편에 서는 것은 정의구현에 앞장서는 옳은 일처럼 여긴다. 물론 그런 면이 없지는 않지만 부부나 가족 관계는 이렇게 양분하면 안 된다.

세상에 존재하는 모든 관계에서 한쪽이 전적으로 잘못하는 경우는 거의 없다. 물론 어느 쪽이 먼저 혹은 더 많이 잘못할 수도 있다. 하지만 가족의 삶과 관계가 지속되면 대부분은 잘못을 주거니 받거니 한다. 시간이 흐를수록 누구의 책임인지 따지기가 점점 어려워진다. 그렇게 서로 주고받은 상처가 점점 비슷해진다.

우리나라의 이혼 제도는 상대의 잘못을 입증해야 하기 때문에 서로를 헐뜯는 진흙탕 싸움이 될 수밖에 없다. 이 과정을 거치면서 이혼 후 쿨하게 친구처럼 지낼 수 없게 된다. 이혼 전이야 그렇다 쳐도 이혼 후까지 원수처럼 지낼 필요는 없다. 혹 자녀가 있을 경우 이혼 후에라도 친구처럼 왕래할 수 있다면 훨씬 좋을 거라 생각된다.

내가 어릴 적에 친가 쪽에선 종종 어머니 흉을 봤다. 외가에서는 직접적으로 흉보는 것을 보지는 못했지만 아버지에 대한 깊은 원망을 느낄 수 있었다. 이런 상황에서 네 번이나 재혼하신 아버지와 지금까지 홀로 지내시는 어머니 사이에서 약자인 어머니 편을 들 수밖에 없었다. 아버지의 사업이 부도가 나서 도피 생활을 하시는 동안 나와 전혀 왕래가 없었기 때문에 더더욱 그랬다.

아버지 역시 이복동생을 더 편하게 여기시는 듯했다. 어쩌다 사극 드라마에서 본처의 자녀가 첩의 자녀들에게 해를 당하는 내용을 볼 때마다 내 이야기 같아 늘 마음 한 곳이 쓰라렸다. 실제로 계모와 함께 살던 일곱 살 무렵 양말과 속옷을 빨았던 기억이 생생하다. 어릴 때는 몰랐지만 사춘기가 되니까 그런 상황 속에서 내 편이 되어주지 않은 아버지가 야속하고 미웠다.

여전히 내 마음에 그때의 서운함이 스칠 때가 있지만 이제는 괜찮다. 이제 내 가족을 이루고 살아가는 중년 가장이 되어보니 아버지의 입장이 더 잘 이해된다. 아버지 입장에서 보면 다른 여자가 낳은 아들이니 눈치가 보였을 것이다. 그렇다고 직접 키울 수도 없다. 그런 마음도 실력도 갖추지 못했기 때문이다.

하지만 한참 예민한 성장기에는 화목한 가족에 대한 그리움이 클수록 괴로움 역시 더 커졌다. 아버지가 자녀들과의 대화를 조금이라도 할 수 있는 실력을 갖추셨으면 그런 괴로움은 없었겠지만 내 또래의 자식을 둔 아버지들 중 그런 능력을 갖춘 남자가 몇 명이나 됐을까?

가족의 삶은 이어져야 한다

가족은 어쩔 수 없이 상처를 주고받는다. 상처를 주고받지 않는 가족은 단 하나도 없다. 심지어 세상에서 가장 행복해 보이는 가족들도 서로에게 상처가 있다. 차라리 남남이면 이런 상처도 상처로 인한 괴로움도 없었을 것이다. 그럼에도 가족은 없는 것보다 있는 것이 더 낫다.

사실을 말하자면 나는 아버지와의 감정이 정리된 지금도 가끔씩 '차라리 아버지가 없었으면 어땠을까.' 하는 생각을 한다. 차라리 아버지를 그리워라도 하는 편이 나을 듯싶었다. 드라마에 나오는 가족을 위해 희생하는 그런 짠한 아버지가 내 아버지일 거라 스스로 위로하면서 말이다.

　이런 생각을 하는 나 자신을 보면서 문득 작은 깨달음을 얻었다. 내가 생각하는 이상적인 가족은 철저하게 나 중심적이라는 점이다. 그동안 아버지만 너무 이기적이라고 생각했는데 본질적으로 나 역시 아버지와 조금도 다를 바가 없었다.

　사람들은 부모나 가족에 대한 신화를 가지고 있다. 아버지는 묵묵히 가족을 위해 갖은 모욕을 당하며 일을 하고, 어머니는 자녀들이 그런 아버지를 존경하도록 아이들을 가르친다. 필요하다면 가족의 생계를 끌어안기도 한다. 한때 모 드라마에서 "떡 사세요~"를 외치며 육 남매를 키우는 그런 어머니처럼 말이다. 자녀들 역시 이런 어려운 환경 속에서도 공부를 열심히 해서 우수한 성적을 유지한다.

　이 모든 것이 신화라는 사실을 우리는 잘 모른다. 실제로 이런 가족은 거의 존재하지 않는다. 그런데 많은 사람이 자기가 만든 신화 속의 가족과 실제의 가족이 다른 모습을 보면 분노하며 괴로워한다.

　결혼 과정의 갈등과 여러 일로 인해 아버지와의 왕래가 끊긴 지 14년 정도 되었다. 그 사이 내 아내와 갈등을 겪는 어머니를 보면서 어머니에게 불편한 감정이 생기기도 했다. 나의 신화 속에서 아버지는 책임감이 약하고 어머니는 강인함이 약했다. 그렇게 나만의 신화 속에 존재하는 아버지와 어머니 때문에 스스로를 괴롭게 만들었다.

마흔이 되어가는 어느 날 문득 부모님께 너무 부끄러웠다. 자식 된 도리로 생활비는 고사하고 용돈이라도 넉넉히 드려야 하는데 그렇게 못하고 있었기 때문이다. 이 부끄러운 감정이 신화 안에 갇혀 헤매는 나를 실제의 삶으로 이끌어주었다. 받지 못해 상처받았다고 생각했는데 주지 못해 너무 미안한 현실의 아들로 말이다.

40대 중반이 된 지금, 아버지와 살가운 관계가 되기는 어렵겠지만 아들로서 아버지에게 넉넉하게 대해 드리고 싶다. 어머니 역시 결혼 전 정서로 대하기는 어렵겠지만 마음의 상처를 딛고 일어서실 수 있도록 힘껏 도와드리고 싶다.

가족은 상처를 주고받는다. 가장 가깝다가도 한순간에 가장 멀어진다. 가족에게 그런 감정을 느끼는 것은 전혀 이상한 것이 아니다. 때론 받을 수 없어 상처가 되고 주지 못해 미안해하며 살아가는 것이 가족이다.

그렇게 삶을 이어가다 보면 어느 날 서로의 마음이 이어질 때가 반드시 있지 않을까? 그때가 되면 상처는 관계를 해치는 독소가 아니라 더 깊은 관계를 위한 거름으로 사용될 것이다. 시간이 지나면 사과를 받아야 할 것이 사과를 해야 할 것으로 바뀔 수도 있다.

과거의 상처를 들추면서 일일이 해결하려 하지 말고 그냥 등 뒤로 던져버릴 수 있다면 가장 좋다. 그렇게 할 수 있으면 과거의 상처에 발목 잡혔던 오늘의 행복을 누릴 수 있고 내일의 소망을 향해 나아갈 힘도 낼 수 있다.

왕처럼 고용인처럼 손님처럼 대하라

자녀를 대할 때는 아이의 성장에 따라 다르게 대해야 한다. 5세 미만의 어린이들은 왕처럼 대해야 한다. 발달학적으로도 이때 아이들은 온 세상이 자신을 중심으로 돌아간다고 믿는다. 그래서 온통 자기중심적으로 생각하고 말하고 행동한다. 그런 아이들에게 실제로 왕처럼 떠받들면 버릇을 망칠 것처럼 보이지만 실제로는 그렇지 않다고 한다. 오히려 당당한 태도를 훈련하는 동기가 된다고 한다.

아이가 초등학교에 입학할 즈음엔 심부름을 많이 시키는 것이 좋다. 아직 미숙하여 제대로 하는 일이 별로 없어도 일을 맡기고 부탁하면 좋다. 부모의 지시에 따라 어떤 일을 해냈을 때 자녀들은 성취감을 얻는다. 이 성취감을 통해 자녀는 자신이 속한 공동체에 꼭 필요한 존재라는 의식이 확립된다. 자신이 꼭 필요한 존재라고 스스로 인식하는 것은 이후 청소년기에 자리 잡을 정체성과 자존감에 매우 긍정적인 영향을 미친다.

홈스쿨러들은 자녀가 어릴 적부터 '순종 훈련'을 시키는데 언뜻 보기에는 자녀의 자발성을 헤칠 듯 보인다. 물론 순종에 대한 가치를 제대로 정립하지 않고 순종의 겉모습만 흉내 내면 자녀의 내면에 악영향을 미친다. 하지만 순종을 통해 스스로 필요한 존재임을 인식하고 부모와의 관계가 정립되면 그 안에서 정서적 안정감을 누리게 된다. 이 안정감이 바탕이 되면 그 어떤 도전이라도 두려워하지 않고 시도할 수 있게 된다.

아이가 초등학교 고학년, 즉 소위 말하는 사춘기로 접어들면 이때부터 손님처럼 대해야 한다. 한 인격으로서 존중하고 어른처럼 대우해주어야 한다. 물론 아직 뇌가 다 자라지 못해 엉망진창일 수 있지만 그럴 때마다 한 번 더 정신과 마음을 가다듬고 인내할 수 있어야 한다. 부모가 인내하는 시간은 생각보다 길지 않으니 걱정하지 않아도 된다. 다만 이전에 순종 훈련이 밑바탕이 되어야 그다음 자발성이 세워질 수 있음을 명심하면 좋겠다.

가족은 어렵다

세상은 고통으로 가득하지만 그것을 극복하는 사람들도 가득하다.
– 헬렌 켈러

서로 책임지려는 마음이 중요하다

사람들의 삶은 특별한 일이 없는 한 가족의 품에서 시작과 끝을 맞이한다. 때론 상처를 주고받아 괴롭지만 상처를 피하려고 가족을 벗어나면 괴로움보다 더 큰 외로움이 삶을 덮친다.

처음 만난 배우자와 가족이 되어 화목하게 사는 것이 가장 좋지만 뜻하지 않은 사고를 만날 수도 있고 마음의 변화가 생길 수도 있다. 뜻하지 않은 사고는 내가 주도할 수 없는 하늘의 뜻이지만 마음은 주도할 수 있기 때문에 마음을 잘 지켜야 한다.

서로 호감을 느끼고 사랑이 시작되지만 그 유통기한은 그리 길지 않다. 이 기간이 끝나면 쉽게 넘어갈 수 있는 문제도 큰일로 번져 가족의 삶을 방해한다. 각자의 사연과 이유가 있겠지만 어떤 형태라 할지라도 가족으로 사는 것은 참 어렵다.

알랭 드 보통의 소설 『낭만적 연애와 그 후의 일상』에서 결혼을 이렇게 정의했다.

"결혼은 자신이 누구인지 또는 상대방이 누구인지를 아직 모르는 두 사람이 상상할 수 없고 조사하기를 애써 생략해버린 미래에 자신을 결박하고 기대에 부풀어 벌이는 관대하고 무한히 친절한 도박이다."

가족으로 살아가는 것이 어렵다고 느낀 이유에 대해 간결한 문장으로 잘 표현한 듯하다. 배우자와의 결혼은 끝이 아닌 새로운 시작이다. 이후 진짜 부부로 발전해야 하는데 이렇게 하려면 먼저 자신이 누구인지부터 알아야 한다. 많은 사람들이 자신에 대해 알지도 못하면서 문제가 생기면 상대방 탓부터 한다.

우리 부부는 7년에 가까운 연애 끝에 결혼했다. 서로를 속속들이 잘 안다고 생각했는데 혼자만의 착각이었다. 아니, 내 아내 역시 그렇게 생각했을 것이다.

알랭 드 보통의 소설 속 이야기처럼 나는 식사 후 식탁을 치우고 소화를 시키는 편인데 아내는 소화를 시키고 식탁을 치운다. 부부간의 라이

프 스타일 예화에 대표로 등장하는 치약 짜는 스타일조차 달랐다. 미리 동거라도 해보고 가족이 되었으면 조금 더 수월했을까?

결혼 15년 차가 된 시점에서 돌이켜 보면 동거는 답이 아니라고 본다. 아마 동거를 했다면 결혼으로 이어지지 않았을 것 같다. 출산과 양육을 미리 체험하고 자녀를 낳을지 결정할 수 없는 것처럼 동거를 통해 결혼을 미리 체험할 수는 없다고 본다.

만약 프랑스처럼 대중들의 인식이 동거를 결혼처럼 여기고 사회보장제도 역시 동거하는 커플을 부부처럼 지원한다면 이야기가 달라질 수도 있다. 이런 경우 동거는 부부를 중심으로 한 진짜 가족으로 발전할 가능성이 높아 보인다. 그렇기 때문에 결혼에 준하는 서구의 동거 역시 가족의 한 형태라고 생각한다.

우리나라의 동거는 사회적 인식도 다르고 실제적인 사회보장제도 역시 없기 때문에 단순한 섹스파트너 이상의 의미가 없어 보인다. 물론 생활비가 절약될 수 있겠지만 이것을 목적으로 동거하는 사람들은 없을 것이다.

역할에 대한 책임과 상벌을 분명히 하고 덜 간섭할 수 있어야 좋은 조직이라 할 수 있다. 가족 역시 조직이기 때문에 이렇게 운영되어야 할 필요가 있지만 삶의 다양한 파도 속에서 최소한의 감당만으로는 가족의 삶이 어려워질 것이라 생각된다.

가족으로의 삶이 유지가 되고 구성원 모두 행복하려면 '책임'의 상한선과 하한선이 없어져야 한다. 각자의 짐을 지려는 마음과 서로의 짐을 지려는 마음이 공존해야 한다. 말은 쉬운데 늘 변하는 환경과 가족 구성원 자신으로 인해 실제로는 참 어려울 때가 많다.

어렵다고 포기하면 더 어려워진다

사람은 태어나 죽을 때까지 변하는 존재이다. '열 살의 나'와 '마흔 살의 나'는 완전히 다른 존재이다. 둘 다 나 자신인 것은 분명하지만 몸과 마음은 물론 생각과 가치도 다 변한다. 개선되었을 수도 악화되었을 수도 있지만 변한 것만은 분명하다.

하물며 결혼이라는 인생의 중대사를 거치면 이전과 이후가 달라질 수밖에 없다. 결혼 전후의 나는 여전히 그대로이면서 동시에 완전히 다른 존재로 개선되어야 한다. 인생의 변하지 않는 진리 중 하나는 개선은 어렵고 악화는 쉽다는 것이다. 그래서 가족은 어려울 수밖에 없다. 좋은 습관을 얻는 것은 어렵고 나쁜 습관은 쉬운 것과 같은 이치이다.

첫아들을 얻은 후 아들과의 관계에 심혈을 기울였다. 눈을 맞추고 놀아주고 온갖 정성을 다 기울였다. 뭐 이 정도도 하지 않은 아빠가 어디 있겠느냐마는 깨진 가정에서 성장하여 얻은 첫아들에 대한 감회는 정말 남달랐다고 본다.

그런데 열세 살이 된 아들이 후배 차를 얻어 타고 오면서 한 이야기를 후배가 전해주었다.

　"요즘 아빠가 잘 안 놀아줘서 섭섭해요. 같이 축구도 하고 보드게임도 했으면 좋겠어요."

　순간 '아차!' 싶었다. 나는 자녀와의 관계가 성공적이라 자부했다. 늘 스스로를 좋은 아빠라고 생각하고 있었는데 나만의 착각이었던 것이다. 미안한 감정이 밀려들었다. 아들 역시 나이를 먹고 변하고 있는데 그런 변화에 따른 노력을 하지 않고 있었기 때문이다.

　부부라고 다를 바 없다. 늘 변하는 존재인 사람이기 때문에 사전 조사가 완벽할지라도 늘 서로에 대한 관심과 노력이 필요하다. 서로의 감정 계좌에 좋은 감정을 충분히 쌓으며 신뢰를 주고받았다 할지라도 방심하면 안 된다. 물론 서로 신뢰하는 관계가 제대로 한 번만 맺어져도 사소한 문제는 그냥 넘길 수 있다. 사소한 문제가 문제의 본질이 아니라 신뢰가 밑바탕이 되지 않는 것이 본질이라 할 수 있다.

　부부가 서로 신뢰하면 큰 싸움이 날 일은 거의 없다. 부모가 자녀를 제대로 믿어주고 자녀 역시 부모의 신뢰를 받는다는 것을 인지하면 자녀가 부모에게 반항할 일이 거의 없다.

　상대방을 믿는 것과 기대하는 것은 같지 않다는 것도 알아야 한다. 상대방을 향한 믿음은 기대를 낳기 때문에 상대를 믿으면 자연스럽게 기대가 생긴다. 상대방을 향한 기대 역시 믿음을 낳기 때문에 상대방에게 기대하는 바가 있으면 믿음이 생긴다. 믿음으로 말미암은 기대는 나쁘지 않지만 기대로 인한 믿음은 때때로 잘못된 믿음일 수 있다. 남편의 승진이나 자녀의 성적 같은 것에 대한 기대가 믿음으로 바뀌면 안 된다는 뜻이다.

가족이 어렵다고 해서 흘러가는 대로 방치하면 안 된다. 그대로 두면 저절로 개선되는 방향으로 가지 않고 도리어 악화되는 경우가 많기 때문이다. 그렇다고 가족에 대한 철학도 없고 실제적인 관계의 기술도 익히지 못한 채 성급하게 자기 마음대로 해서도 안 된다.

거리를 두는 것과 방관하는 것은 다르며 관심을 갖는 것과 간섭을 하는 것은 다르기 때문에 균형이 필요하다. 이 균형이 깨지면 가족은 점점 어려워진다. 성급하게 무언가를 하면 상처를 받고 그대로 둔 채 아무것도 안 하면 서운함만 쌓인다.

아무리 힘들어도 가족을 포기할 수는 없다. 생의 시작과 끝은 물론이고 그 과정 역시 가족의 품에서 이뤄지기 때문이다. 시작과 끝은 우리가 주도할 수 없지만 과정은 우리가 주도할 수 있다. 가족이 어렵지만 어려움을 개선하는 일이 불가능하지는 않다는 것이다.

아무리 어려운 문제라 할지라도 반드시 해답이 있다. 문제를 풀려는 의지와 이를 위한 구체적인 과정을 수립하고 반드시 해결될 것이라는 믿음을 더하면 좋은 결과를 기대할 수 있다.

혼자 풀지 못하는 문제라면 도움을 받으려는 열린 자세를 취해야 한다. 우리가 가족으로 살아가려면 누군가의 도움이 반드시 필요하다. 이 책 역시 그런 도움의 일환이 되었으면 한다.

가족에게서 채워지지 않는 삶의 과정은 또 다른 형태의 관계를 지향하게 된다. 그 관계에서 과연 제대로 된 만족감을 얻을 수 있을까? 채워지지 않았던 가족과의 관계를 다시 반복할 수밖에 없을 것이다. 어려운 가족을 극복하고 개선하는 방법을 익히지 않는다면 관계의 헛발질은 반복될 것이고 결국 관계의 갈증만 더 깊어져 불행감만 더 커질 것이다.

가족이 어려워도 성급하게 해결하려 들거나 너무 쉽게 회피하려 하지 말고 그것을 넘어 성장해야 할 이유가 여기에 있다.

YOLO

4

함께 웃을 수는 없을까

그만두고 말 거면 왜 고민을 하겠냐?
– 영화 〈리틀 포레스트〉 중에서

완전한 평등은 없다

우리나라 남편들의 가사 분담률은 OECD 국가 중 일본과 함께 20%에
도 못 미쳐 최하위권에 속한다. 가사 분담률이 가장 높은 덴마크, 핀란
드, 노르웨이, 스웨덴 같은 나라들은 40% 초반으로 우리나라에 비해 2배
이상 높았다. 북유럽 사람들이 행복지수가 높은 데는 다 이유가 있는 듯
하다.

불공평이 완전한 공평이 될 수는 없을 것 같다. 가사 분담률이 높은 북
유럽 국가들조차 40% 정도이니 말이다. 만약 가사 분담을 50%씩 하자고
주장하면 어떤 일이 벌어질까? 한 온라인 커뮤니티에 올라온 이야기이
다.

아내 A는 남편에게 모든 가사와 육아를 절반씩 하자고 했다. 남편이 잘 도와주는 편이었지만 맞벌이를 하는 입장에서 아내 A는 본인이 훨씬 더 힘들다고 생각했기 때문이다.

이 사연을 접하고 입가에 미소가 지어졌다. 우리 부부도 같은 일을 겪었기 때문이다. 다행히 나의 아내는 자기 생각만 끝까지 주장하지 않았다. 내 이야기를 차분히 듣고 주장을 철회한 뒤 미안하다고 말했다.

절반의 가사 분담은 불가능한 것이다. 남녀는 사회적으로나 신체적으로 동일한 과제를 수행할 수 없다. 예를 들면 남자가 생리휴가를 얻을 수도 없고 여성이 군가산점을 얻을 수도 없다. 이를 두고 서로 불공평하다고 주장해서는 안 된다. 여자라는 이유로 승진에서 누락되거나 같은 일에 대한 보수가 적다면 당연히 개선되어야 한다. 하지만 남녀 간의 차이로 인해 어쩔 수 없이 발생하는 문제에 대해 '절반씩'을 주장하는 것은 조금 무리가 있다.

남녀 간의 차이로 인해 발생하는 문제는 서로 배려하며 함께 마음을 모아야 한다. 역지사지의 마음으로 서로를 배려하면 함께 웃을 수 있는 결론을 이끌어낼 수 있는 문제이다.

단, 남녀가 서로를 완벽하게 이해할 수 없다는 전제로 시작해야 한다. 여자는 남자의 성욕을 이해할 수 없고 남자는 여자의 다양하고 복잡한 감정기복을 이해할 수 없다. 아무리 잘해도 서로를 완벽하게 이해하는 것은 불가능하다. 그럼에도 이러한 전제를 두고 서로 이해하려는 노력이 서로의 관계를 더욱 돈독하게 한다.

이러한 남녀 간의 배려가 타인을 향한, 즉 개인에 대한 배려로 이어진다면 천국과 다름없는 곳이 될 것이다. 개인에 대한 배려는 개인의 행복은 물론 사회 전체의 행복을 끌어올릴 수 있는 가장 기본적인 태도라 생각하기 때문이다.

이런 사회로 나아가기 위해 가장 먼저 배려의 문화가 정착해야 할 곳이 바로 가족이다. 가족은 각 구성원의 개성을 서로 간에 배려할 때 비로소 안정된다. 남편이나 부모나 시어머니나 장모이기 때문이 아니라 존엄한 한 개인으로서 배려해야 한다. 이러한 배려의 문화가 가족 안에 먼저 정착되면 사회로의 확장은 시간문제라고 본다.

부부가 모든 일을 절반씩 하자고 주장하는 것은 책임은 피하고 권리만 주장하는 경우처럼 보인다. 앞서 언급한 아내 A의 사연이 그 예라 할 수 있다.

남편의 반발에도 불구하고 절반의 평등을 요구한 아내 A는 집안일과 육아를 정리한 노트를 만들어 남편을 압박했다. 그러자 남편은 반발했던 태도를 바꾸어 그렇다면 가정에서 일어나는 모든 일을 반반씩 하자고 역제안을 했다.

외출 시 아기 띠를 매거나 장바구니를 드는 것은 물론 회사 출퇴근과 명절의 장거리 운전 또한 절반씩 하자고 말이다. 남편은 시시때때로 데

이트 비용은 물론 결혼 비용까지 자신이 더 많이 부담했다며 투덜거렸다.

어느 날 남편이 계산기를 두드리더니 퇴직까지의 수입을 추정했다. 자신의 예상 수입이 3억 정도 더 많으니 앞으로 모든 비용을 절반씩 부담하고 각자의 통장을 만들자고 제안했다.

아내 A가 이런 상황을 예상하고 자기주장을 한 것은 아닐 테지만 남편의 불평도 꽤 일리가 있어 보인다. 조금 더 배려하려 하지 않고 자기주장만 펼친다면 이 부부는 함께 웃는 방법을 찾지 못하고 결국 파국을 맞이할 것이다.

함께 웃을 그날까지

가사 분담뿐 아니라 고부 갈등 역시 가족이 함께 웃기 어려운 요소 중 하나이다. 서양에서는 장모와 사위 간에 장서 갈등이 더 문제라고 한다. 추정컨대 고부 갈등의 본질은 단순히 시어머니와 며느리의 문제가 아니라 가족이라는 시스템에서 제거해야 할 불합리한 오류라고 생각한다.

우리 가족의 고부 갈등에 대해서는 『행복한 결혼생활을 위한 감정공부』에 실려 있으니 이번에는 지인의 가족 이야기를 하면 좋겠다.

남편 H와 아내 J는 20대 초반에 만나 연애를 시작하고 결혼에 골인했다. 아내 J는 부친과는 떨어져 친모와 단둘이 살았었는데 어머니는 J가 20대 초반일 때 일찍 세상을 떠나셨다.

아내 J는 친정이 없는 결혼생활을 하게 된 것이다. 아내에게 친정이 없다는 것은 심리적으로 기댈 곳이 없다는 뜻이다. 아내들은 부부로 부모로 며느리로 살면서 속이 상할 때가 있는데 이때 단지 친정엄마가 옆에 계시다는 것만으로 마음의 힘을 얻는다.

친정엄마가 없었던 아내 J는 결혼을 앞두고 시어머니를 친어머니처럼 모시려고 마음을 먹었다. 친정엄마가 없던 터라 더욱 마음이 그랬다. 하지만 그 다짐이 무너지는 데는 오래 걸리지 않았다.

시어머니는 매우 주도적인 성향을 가지고 있었고 남편 H는 오남매 중 외아들이었다. 고부간의 갈등은 불을 보듯 뻔했다. 고부간에 마음이 멀어진 결정적인 사건은 셋째의 출산이었다. 손자를 바라는 시어머니 때문에 낳은 셋째마저 딸이었던 것이다. 남편 H는 아내의 편이었지만 동시에 아들로서 어머니를 대해야 했기 때문에 마음이 괴로웠다.

사실 고부 갈등의 예는 이 책에 일일이 나열할 필요도 없다. 검색사이트에 '고부 갈등'이란 단어를 입력하면 사흘 밤낮을 읽어도 못 읽을 무수한 사례가 있다.

가족은 함께 울고 함께 웃는 운명 공동체이다. 아내들은 가사 분담률이 가장 높은 나라조차 40% 정도인 현실을 수용하고 50%를 내려놓아야 할 것이다. 동시에 남편들은 20%에도 못 미치는 가사 분담률에 대해 스스로 부끄럽게 여기고 변화를 주도해야 할 것이다.

여전히 아내가 더 많은 가사 일을 감당하지만 나 역시 더 많은 일을 도와주기 위해 애쓴다. 아무리 잘해도 더 잘할 것이 늘 존재하기 때문이다. 설거지나 청소에 대한 것이 아니다. 부부라는, 더욱 깊어지고 성숙하여 향기를 발하는 관계에 대한 것이다.

고부 갈등은 그냥 두자. 다만 남편은 늘 아내의 편이 되고, 아내는 늘 남편의 괴로운 마음을 불쌍하게 여겼으면 좋겠다. 동시에 고부 갈등이 아무리 힘들어도 관계의 단절만은 피하고 최소한의 관계를 이어가야 할 것이다. 관계가 이어지다 보면 언젠가 회복할 기회가 생길 것이기 때문이다.

가족으로 살면서 항상 함께 웃을 수는 없어 보인다. 인간 본연의 이기가 가족이라는 시스템으로 인해 더 악화되는 방향으로 흐를 때도 있기 때문이다. 여기에 사회 구조나 성숙한 시민 의식의 부재가 더해져 가족이 함께 웃는 것을 힘들게 한다.

항상 함께 웃는 것은 불가능하지만 함께 웃을 일은 매일 있다. "매일 행복할 수는 없지만 행복한 일은 매일 있다."라는 곰돌이 푸의 마음이 가족의 마음에 자리 잡았으면 좋겠다. 이런 가능성에 대한 기대가 마음에 자리 잡아야 지칠 때 잠시 쉬어가면서 함께 웃으려는 노력을 멈추지 않을 수 있기 때문이다. 혹시 함께 웃을 수 없는 상황이라면 함께 울기라도 하면 좋겠다. 그렇게 함께 울고 웃으며 살다 보면 결국엔 웃는 날이 올 것이다.

남편이 아내의 편에 서야 할 때

결혼생활 10년 차 우리 가족에게 심각한 위기가 찾아왔다. 어머니와 아내의 갈등이 쌓일 대로 쌓여 폭발할 지경에 이른 것이다.

조금 예민한 성격의 어머니는 타인에 대한 배려를 잘하는 분이었는데, 세심하게 배려하지 못하는 아내의 태도가 불만이었다. 무슨 큰일이 벌어진 것은 아니다. 소소하고 작은 실수와 오해가 쌓이고 쌓여 그렇게 된 것이다. 대부분의 시어머니들이 그렇듯, 자신의 말이 어떤 무게인지 모르거나 '이 정도는 말할 수 있다.'라는 식이었다. 그럴수록 아내의 불만도 점점 쌓여갔다.

하지만 작은 구멍이 둑을 무너뜨리듯, 이런 작은 일들이 쌓여 결국 어머니도 아내도 폭발하고 말았다. 두 사람 모두 '욱하는' 성질은 아니었지만 어쨌든 그 일은 해결이 되어야 했다. 결국 내가 나설 수밖에 없었다.

일단 사과할 일은 먼저 사과를 드렸다. 철이 없어 모르고 한 일이 대부분인지라 실제로 정말 죄송하게 생각했다. 어머니도 더이상 우리 부부의 철없음에 대해 말씀하지 않으셨다. 그리고 우리 가정에 대한 어머니의 조언도 더 이상 듣지 않기로 했다. 관계가 좋아야 조언이지, 관계가 편하지 않으면 잔소리일 뿐이기 때문이다. 물론 어머니는 잔소리라 생각하지 않는다. 그래서 내가 나섰다. 자녀 양육이나 부부 관계 등은 가장인 내가 결정할 일이니 손을 놓으시라고 했다. 3개월가량 서로 연락이 끊기는 진통이 있었지만 이 과정을 통해 서로 간의 선이 잘 그어졌다.

부모는 부부의 조언자가 될 수 있다. 부부는 합심하여 부모를 공경해야 한다. 하지만 이 일이 제대로 되려면 먼저 부부가 하나가 되어야 한다. 남편은 가장으로서 자신이 해야 할 일을 분명히 알고 지혜롭게 처신하는 법을 익혀야 한다.

이혼보다 졸혼이 낫다

인간을 바꾸는 방법은 3가지뿐이다.
시간을 달리 쓰고 사는 곳을 바꾸고 새로운 사람을 사귄다.
새로운 결심은 가장 무의미한 짓이다.
– 오마에 겐이치

스기야마 유미코는 와세다 대학을 졸업하고 일본의 유명 여성 편집부에 취직한 평범한 직장 맘이었다. 40대에 들어서면서 남편과의 갈등이 시작되었고 첫째 딸의 권유로 남편과 따로 살게 되었다. 그런데 이것이 계기가 되어 스기야마 부부의 관계가 개선되기 시작했다.

작가였던 스기야마는 자신처럼 갈등을 극복한 부부들을 찾아 인터뷰한 후 2004년 『졸혼을 권함』이라는 책을 출간한다. 우리나라에는 2017년 『졸혼시대』로 번역되어 출간되었다.

졸혼이란 결혼을 졸업한다는 뜻이다. 우리나라나 일본처럼 가족을 중요시하는 사회에서 이혼이나 별거는 남녀 모두에게 부담스러운 면이 있다. 그렇다고 갈등이 격화되는 상황을 그대로 둘 수는 없으니 이혼과 별거의 대안으로 졸혼의 개념을 제시한 것이다.

우리나라에서도 황혼이혼의 대안으로 졸혼이 제시되며 긍정적인 평가를 받고 있고 관심도 폭발하는 분위기이다. 2016년 한 해 동안 네이버 검색 순위 2위를 기록했다.

가족을 이루는 가장 보편적인 형태는 결혼을 통한 남녀의 결합이다. 혼인 신고를 통해 합법적인 부부가 되면 다른 이성과의 외도는 물론 이중 결혼을 하는 일은 불법적인 일인 동시에 매우 부도덕한 일로 간주된다. 결혼 없이도 가족은 형성될 수 있지만 뒤에 다시 이야기하기로 하고 일단은 결혼을 중심으로 생각해 보면 좋겠다.

남녀가 결혼을 한 후에는 남편과 아내가 '되어야' 한다. 당연한 말이라며 반박할 수도 있지만 실상은 그렇지 않다. 남편과 아내로 정체성이 확장되지 않은 채 남자와 여자로만 남아 있으면 결혼 후 많은 갈등이 생길 수 있다.

남편과 아내는 상호의존적인 단어이다. 한쪽이 존재하지 않으면 다른 한쪽도 존재할 수 없다. 남자와 여자는 상대적일 뿐 상호의존적이지는 않다. 그렇기 때문에 남편과 아내는 서로에 대한 의무와 동시에 권리가 있다. 그 범위가 양가의 가족은 물론 자녀에게까지 확장된다. 남편과 아내는 물론 자녀를 가지고 나서는 엄마와 아빠까지 '되어야' 행복한 가족이 될 수 있다.

남녀가 건강한 부부의 정체성을 세운 후 부모의 정체성까지 확장되지 못하면 가족은 불행해질 수 밖에 없다. 이러한 불행은 가정 불화나 이혼 같은 좋지 못한 결과를 내기도 한다.

　누구에게라도 이혼은 쉽지 않을 것이다. 다만 이혼을 최종적으로 결정하기 전에 한 번만이라도 회복을 위해 다양한 선택을 찾아보면 좋을 것이다. 그중 하나가 졸혼이 될 수 있다.

　사실은 졸혼에 대한 글을 쓰기 전에는 졸혼에 반대하는 입장이었다. 언뜻 보기에는 졸혼이나 별거나 별반 다르지 않았기 때문이다. 나에겐 둘 다 부정적인 느낌이었다.

　결혼 40년 차에 졸혼을 선택한 탤런트 백일섭 씨를 보면서 그런 생각이 더욱 굳어졌다. 손자를 보러 가서도 현관에서 쭈뼛거리고 화목한 부부를 부러워하며 졸혼을 후회했다.

　그런데 막상 졸혼에 대해 공부하면서 좋은 사례들을 접하다 보니 생각이 달라졌다. 졸혼이란 부부가 각자 하고 싶은 일을 하며 서로를 지지해 주는 라이프 스타일이다. 별거가 공간의 분리와 함께 교류도 단절되는 반면 졸혼은 공간의 분리가 선택적이고 교류는 유지된다.

　즉, 졸혼은 이전에 형성된 남편과 아내의 의무에서 벗어나 각자 하고 싶은 것을 하면서 결혼을 유지하는 형태라 할 수 있다. 아이돌 가수가 그룹 활동과 개인 활동을 병행하는 것처럼 부부 역시 함께하면서 동시에 각자 자유로운 삶을 살자는 것이다.

사실 졸혼은 결혼생활이 얼마나 힘든 것인지를 단적으로 보여주는 예이기도 하다. 어지간하면 함께 살면 되는데 그게 안 되니까 말이다. 졸혼의 긍정적인 면은 건강한 부부의 그것과 통하는 면이 있다. 그래서 굳이 새로운 개념을 들여올 필요가 있을까 싶지만 매우 필요하다고 본다.

유명한 컨설턴트인 오마에 겐이치는 사람이 변화되기 위해 3가지 중 하나가 있어야 한다고 했다. 시간을 다르게 사용하거나, 사는 장소를 바꾸거나, 새로운 사람을 만나는 것이다. 사람의 변화에서 가장 무의미한 것은 '새로운 결심'이라고 말했다.

시간과 장소와 사람에 대한 오마에 겐이치의 의견에 전적으로 동의한다. 새로운 결심만으로는 부족하다. 그런 면에서 졸혼에 대한 건강한 개념을 통해 부부 관계를 돌아볼 필요가 있다고 본다.

예를 들면 부모님 세대는 아내가 밥상을 차리는 것을 당연하게 여긴다. 남편 혼자 있을 때는 밥도 해 먹고 설거지까지 잘해도, 아내가 있으면 밥상을 기다린다. 아내 역시 자신이 밥상을 차리지 못할 상황이 되면 몹시 미안해한다. 남녀 모두 생각이 굳어져 스스로 변화되기 힘든 지경이 된 것이다.

가족으로 사는 것이 어려운 이유가 여기에 있다. 관계나 역할에 있어 시대의 변화에 따라 생각의 변화가 따라가질 못한다. 고착된 생각은 건강한 변화를 가로막는 가장 큰 장애물이다. 우리나라처럼 변화가 빠른 곳은 더욱 그럴 것이다.

탤런트 백일섭 씨가 최근 방송에서 밥상이 차려져 있지 않으면 열불이 났는데 졸혼 후에는 그런 감정이 생기지 않았다고 한다. 그런 자신을 보면서 반성하는 마음이 들었다고 한다. 고착되었던 삶에 변화를 주니까 생각의 변화로 이어진 것이다.

어떤 삶이나 노력은 필요하다

새로운 라이프 스타일이 항상 좋은 방향으로 흐르는 것은 아니다. 처음 별거의 개념이 등장했을 때도 이혼의 대안으로 좋은 방법처럼 여겨졌다. 하지만 부부가 관계의 지속을 위한 교류의 한계를 정하지 않고 당장의 괴로움을 피하려고 성급하게 선택하면 의도가 변질된다.

만약 별거 상태가 지속되는 상황에서 배우자가 외도라도 하면 법적인 책임을 제대로 물을 수 없다. 이혼 시 유리한 고지를 점령하기 위해 별거가 이용되기도 하면서 별거는 점점 부정적인 방법이 되어버렸다.

졸혼도 이와 비슷한 위험이 따른다. 이혼에 대한 사회적 비난과 수치를 피하려 하거나 재산분배에 유리한 고지를 점하기 위해 졸혼을 선택한 것일 수도 있다.

이런 위험을 알면서도 우리나라 아내들 30% 정도가 졸혼을 찬성한다는 것은 아내들의 현 상태가 남편에 비해 더 힘들다는 뜻으로 풀이될 수 있다. 아내와 며느리로서의 의무가 고통스럽기만 하다면 이혼이든 졸혼이든 빨리 벗어나고 싶기만 할 것이다.

최근 모 작가 부부의 졸혼이 화제가 되었다. 문단을 비롯해 언론, 방송에 이름을 알린 작가였기 때문이다. 이 작가의 기행은 꽤 알려져 있다. 이런 남편을 뒷바라지하느라 아내의 고생이 이만저만이 아니었다고 한다. 이혼은 절대 반대인 남편 때문에 졸혼을 제안했는데 처음엔 반대하다가 최근에 서로 합의를 했다고 한다. 서로 최선의 노력을 하고 있는 모습이 보기 좋았다.

개인적으로 이혼을 반대하는 편이다. 무조건 반대라는 것이 아니다. 어떤 선택을 하더라도 후회의 요소는 있다. 결혼을 유지하는 것도 이혼을 하는 것도 모두 후회가 남는다. 다만 결혼 '후'의 선택이 결혼 '전'의 선택보다 조금 더 현명하고 신중해야 한다고 생각하기 때문이다.

졸혼이 관계의 지속을 전제로 한다면 이혼이나 별거보다 나은 대안이라 생각한다. 관계의 회복이나 새로운 관계로 확장될 수 있기 때문이다. 물론 모험정신이 필요하고 적절한 희생을 감수해야 한다.

부부는 어떤 일이 있어도 한 이불을 덮고 함께 잠이 들어야 한다는 것이 우리 부부의 철학이다. 하지만 이것이 죽기보다 괴로운 부부들에게 강요할 수는 없는 일이다.

혼자 살 수 없는 인간에게 가장 기본이 되는 공동체는 가족이다. 가족으로 사는 것은 때로 많은 고통이 따르는 노력이 따른다. 이런 면만 보면 혼자 사는 것도 그리 나쁘지 않다. 물론 혼자 사는 것도 가족 못지않은 많은 노력이 필요한 것은 두말할 나위 없다.

우리가 어떤 선택을 하든지 그 선택이 완벽할 수는 없다. 해도 후회하고 안 해도 후회하는 것이 결혼이라면 이혼은 이보다 몇 배나 더 그렇게 보인다.

가족으로 산다는 것은 무엇일까? 현재의 관계와 역할이 고착되어 힘든 부분은 없을까? 모두가 행복하기 위해 변화를 주어야 할 부분은 무엇이 있을까? 행복해야 할 가족이 이렇게 힘들어진 이유가 혹시 나에게 있지는 않을까?

한 번 더 생각해보고 건강한 대안을 찾으려고 한다면 부부 관계가 더 나아질 것이다.

욜로 패밀리로 살아야 하는 이유

절대 어제를 후회하지 말아라.
인생은 오늘의 내 안에 있고 내일은 스스로 만드는 것이다.
- 론 허바드

인생은 한 번뿐이다

1937년 할리우드로 진출한 독일의 영화감독 프리츠 랑은 〈단 한 번뿐인 삶〉이라는 제목의 영화를 제작하였다. 이 영화의 원제목이 바로 〈You Only Live Once〉이다. 이후 노래 제목이나 여러 작품에서 인용되어 북미 사람들에게 익숙한 문장이 되었고 우리나라에도 소개되었다.

인생은 단 한 번뿐이다. 모든 인간에게 시간은 공평하면서도 유한한 자원이다. 그렇기 때문에 시간을 제대로 쓰려면 진정 자신이 원하는 것을 찾아 집중할 수 있어야 한다. 물론 그런 인생이라도 후회가 있을 수 있지만 다시 힘을 내는 일이 조금 더 수월하다.

인생에는 정답이 없고, 인간의 개성은 옳고 그름이 없다. 그렇다고 해서 범죄도 부도덕함도 용인된다는 뜻은 아니다. 『사회계약론』의 저자 루소는 '일반의지'라는 개념으로 국민의 주권을 설명했는데, 인간 본연의 자유에 대한 의지와 공동체와 조화하려는 의지 정도로 해석하면 좋을 듯하다.

자유를 갈망하는 인간 본연의 욕구를 막을 수는 없다. 초등학교에 입학한 후부터 입시에 집중하고, 이후에는 취직에만 매달려 20년 이상을 보내던 사람들은 문득 자신의 삶을 돌아보기 시작했다. 그리고 그 현상을 가속화하는 데 '욜로'가 기여한 면이 적지 않다.

인생에는 정답은 없지만 각자의 삶에서 스스로 찾아낸 해답은 존재한다. 욜로 역시 마찬가지이다. 그렇기 때문에 욜로가 성립하려면 개인의 가치가 먼저 성립되어야 한다. 이전의 공동체 중심 사고관에서 개인 중심 사고관으로 전환이 필요하다. 물론 이것이 최종 목적지는 아니라고 본다. 이 과정을 통해 개인과 공동체 모두 중요하다는 인식이 자리 잡아야 한다. 만약 그렇게 되지 않으면 개인주의는 이기주의로 변질될 수밖에 없다. 이것이 심화되어 집단 이기주의로 흐르면 국가의 존립이 위기를 맞게 된다.

오늘을 겸손하게 맞이하라

대한민국은 역사상 유례없는 속도로 변화하였다. 그리고 지금도 그 속도로 계속 변화하고 있다. 부작용도 많지만 긍정적인 면도 많다. 그중 하나가 욜로다. 이전까지 '당연히 그래야 할 것'에 물음표를 던지며 진짜 자신만의 인생을 찾아가기 시작했다.

개인적으로 현시대의 욜로는 조금 치우친 면이 있다고 생각한다. 한 번뿐인 인생이기 때문에 정말 후회 없이 살아야 하는데 눈앞에 닥친 오늘만 보는 듯하다. 오늘의 행복을 즐기면서 내일을 대비하는 조화가 부족하다.

사람은 누구나 '처음 맞이하는 오늘'을 살아가는 존재이다. 그렇기 때문에 아무리 경험이 많은 사람이라 할지라도 겸손한 마음으로 오늘을 배우는 자세로 살아야 한다. 그런 자세로 살지 않으면 이내 도태되거나 소위 '꼰대'가 되어버린다.

오늘을 배우는 자세로 살기 위해 스스로에게 던져야 할 3가지 질문이 있다. 이 질문에 대한 해답이 우리를 건강한 욜로의 삶으로 인도할 것이라 믿는다.

<u>첫째, 나는 누구인가?</u> 먼저 자신이 누구인지 알아야 한다. 여기서 나를 안다는 것은 '나를 찾아가는 과정이며 동시에 나를 규정하는 과정'이라고 할 수 있다. 이 과정에는 수많은 방법이 존재해서 찾기 어려울 수 있다. 홍수가 나면 마실 물이 귀해지는 것처럼 홍수처럼 쏟아지는 방법론이 도리어 혼란을 줄 수 있다.

하지만 구하고 찾고 두드리면 반드시 발견할 수 있다. 나를 찾아 스스

로 규정하는 과정을 통해 그 누구도 나를 흔들거나 가둘 수 없다. 이처럼 진정한 자유는 나를 찾아 규정하는 것에 기초한다.

둘째, 내가 원하는 것은 무엇인가? 자신이 원하는 것을 알아야 한다. 원하는 것이 매우 말초적일지라도 좋다. 하지만 이조차 자신이 원하는 것임을 인지하는 것이 중요하다. 그 자리에 머물러 쾌락만 추구하다 생을 마칠 수도 있지만 또 다른 단계로 나아갈 수도 있기 때문이다.

오직 인간만 삶에 의미를 부여한다. 먹고 마시고 자손을 잇는 것만으로 삶에 만족을 느끼지 않는다. 그런 건전한 불만족이 우리를 한 단계 높은 욕망으로 이끈다. 이때 나의 불만족이 다음 단계인지 아닌지 점검하는 방법이 아래의 세 번째 질문이다.

셋째, 나는 죽어서 어떤 사람으로 기억되고 싶은가? 내가 원하는 것이 남녀노소의 공감을 얻을 수 있는 것일수록 한 단계 높은 것일 가능성이 높다. 그렇다고 모두의 공감을 얻을 필요는 없다. 때때로 군중은 매우 어리석기 때문이다.

자신이나 타인에게 피해를 주지 않는 일이라면 어떤 일도 괜찮다. 하지만 여기서 머물지 말고 이웃에게 이익이 되는 일이라면 더 좋을 것이다. 해충 같은 사람은 사라져야 할 사람이다. 개미 같은 사람은 있으나마나 한 사람이다. 하지만 꿀벌 같은 사람은 정말 필요한 사람이다. 서로에게 꿀벌 같은 사람으로 살 수 있다면 가장 이상적이지 않겠는가?

질문이 욜로 패밀리를 만든다

위의 3가지 질문을 가족에게 던지고 이에 대한 해답을 찾으면 비로소 욜로 패밀리라 할 수 있다.

첫째, 우리 가족은 어떤 가족인가? 자기 가족만의 개성을 찾으면 흔들리지 않은 기초 위에 선 것이라 할 수 있다. 이제 자라갈 일만 남은 것이다.

둘째, 우리 가족이 원하는 것은 무엇인가? 부부간의 모든 갈등은 부부가 하나 되지 못해서이다. 하나가 된다는 것은 서로 합의하는 것과는 조금 다른 것이다. 그래서 더 어렵다. 하지만 일단 둘이 하나가 되면 그때부터는 가속도가 생긴다. 어떤 상황에도 흔들리지 않고 나아가야 할 방향을 찾은 것이기 때문이다.

셋째, 우리 가족은 다른 가족에게 어떤 가족으로 기억되고 싶은가? 남의 눈치를 볼 필요는 없다. 하지만 함께 유익을 주고받는 공동체가 가장 좋은 형태라고 생각한다. 가족 구성원은 물론 가족과 가족 간에 그렇게 할 수 있어야 한다. 한 걸음 더 나아가 마을과 마을이 연결되어 점점 확장해갈 수 있다면 조금 더 행복한 복지국가에 한 걸음 다가설 것이다.

자기 민족만 우월하다고 고집하여 이미 큰 전쟁이 벌어진 역사가 있다. 가족 이기주의는 이에 못지않은 위험요소일 수 있다. 사회가 순식간에 쑥대밭이 되기 전에 이웃을 생각하고 함께 공유할 수 있는 건강한 문화가 형성되면 좋겠다.

인생이 한 번뿐이듯 가족도 한 번뿐이다. 물론 자신이 자녀일 때의 가족과 배우자를 맞이한 후의 가족은 다르다. 범위가 달라지고 우선순위가 달라진다. 이러한 변화를 인지하지 못하고 적응하지 못하면 가족은 순식간에 위기에 처하게 된다.

때론 피치 못할 사정으로 새로운 가족이 결성되기도 한다. 하지만 '지금 이곳에서 함께하는 가족'이 나의 유일한 가족이라는 의식으로 살아야 한다. 우물쭈물하며 이리저리 재는 것은 그만 멈추고 온 마음과 힘을 다해 지금 내 가족을 위해 살아보기로 결심해보라. 반드시 성공한다는 보장은 없지만 실패하더라도 후회는 없을 것이기 때문이다. 하지만 나는 꼭 성공할 것이라고 믿는다.

그 어떤 실패도 가족의 실패만큼 치명적이지는 않다. 한 번뿐인 인생, 후회 없는 가족의 삶을 위해 욜로 패밀리로 살아갈 것을 추천한다. 많은 노력이 필요하지만 노력에 대한 보상이 시작되면 이전의 노력은 아무것도 아니라는 것을 알게 될 것이라 확신한다.

"You Only Live Once!"

2장

/

가족의 재발견

—

새롭게 하소서.
– 시편 51편 10절

어디부터 어디까지 가족인가?

성장의 가장 중요한 원리는 사람의 선택에 있다.
– 조지 엘리엇

선택이 가능할까

가족이라는 단어를 들으면 대부분 고개를 끄덕이지만 정작 어디까지 가족이라 부를지 고민될 때가 있다. 가족의 범위에 대해 한 번이라도 생각해본 적이 있는가? 가족의 범위는 어떻게 정해지는 것일까?

가족의 사전적인 정의를 요약하면 '부부를 중심으로 이뤄진 친족 관계에 있는 사람들'이라 할 수 있다. 조금 풀어보면 부부의 부모와 자녀와 형제자매 및 형제자매의 배우자와 그들의 자녀 정도 되겠다. 이 범위에는 사실혼 관계도 포함될 수 있다.

민법상의 가족은 유산 분배 같은 법률적 권한 때문인지 조금 더 좁은 범위로 선을 긋는다. 민법 제779조에 기술된 가족의 범위는 '1. 배우자,

직계혈족, 형제자매'로 정하고 여기에 '2. 직계혈족의 배우자, 배우자의 직계혈족 및 배우자의 형제자매'가 추가된다. 여기서 배우자란 혼인 신고를 한 법률상의 배우자를 말한다. 민법에서 사실혼은 배우자로 인정되지 않는다.

가족에 대한 사전적 또는 민법상의 정의가 있다고 하지만 이 정의만으로 가족이 되는 것은 아닌 것 같다. 지금부터 하는 이야기에 대해서는 찬반양론이 존재하겠지만 내가 겪은 경험과 느낌에 대한 것이니 너무 거북하게 생각하지 말기 바란다.

나의 아버지는 혼인 신고를 네 번이나 하셨고 배다른 자식들도 있다. 법이 개정되기 전 가족증명서를 발급받아야 할 때 부끄러웠던 적이 한두 번이 아니었다.

두 번째 부인에게서 나온 두 딸은 나에겐 이복동생이지만 한 번도 이복동생이라 생각한 적은 없다. 불행인지 다행인지 동생들이 어렸을 때 아버지의 새로운 결혼생활이 다시 시작되었기 때문에 서로 공감하는 부분이 많았다.

하지만 아버지가 네 번째 아내와의 사실혼 관계에서 낳은 아들은 달랐다. 일단 어머니라는 호칭이 쉽지 않아 끝까지 아줌마로 불렀고 별로 왕래가 없는 지금도 마찬가지이다. 당연히 그녀의 아들인 이 친구는 사전상으로나 민법상으로나 가족이 분명하지만 전혀 가족 같은 느낌이 들지 않는다.

전통적인 관점으로 보면 아버지를 거역하는 불손한 태도이고 물론 기독교 신앙적인 관점에서도 그리 환영받지 못한다. 더구나 나는 목사가 아닌가? 다른 이들의 생각과 불편한 시선에 대해 충분히 공감한다. 그럼에도 불구하고 내 느낌이나 그로 인한 결정이 부끄럽거나 후회스럽지는 않다.

일단은 결혼과 취직이 코앞인데 자신만 생각하며 결정하신 아버지가 마음에 들지 않았고 암묵적으로 지지하는 주변의 환경도 싫었다. 그렇게 되니 정서상 아버지의 아내는 당연히 나에게 어머니여야 하지만 그럴 수가 없었다.

그렇다고 특별히 이 모자가 밉거나 원망스럽지는 않았다. 오히려 아무 감정이 없었다. 이 여인 역시 자기 인생을 열심히 살아가는 것뿐이지 않겠나 싶었다.

생각이 단순한 사람들은 쉽게 넘길 수도 있는 문제일 수 있지만 조금은 까칠한 나에겐 단순하지도 쉽지도 않았다. '도대체 가족이란 무엇일까?'라는 질문이 머릿속에서 떠나지 않았다. 이 과정을 통해 가족에 대한 나만의 생각을 정리하면서 조금 더 주도적인 삶을 살게 되었다.

처음 넷째 이복동생이 태어났을 때만 하더라도 장남으로서 마음의 부담이 있었다. 내가 책임져야 할 부분도 있다고 생각했기 때문이다. 피 한 방울 안 섞인 남의 아이도 입양하는데 하물며 이복동생이지 않은가. 더 신경이 쓰였다. 아버지가 또다시 새로운 여인을 만나 결혼을 하시더라도 이 아이는 사전상, 법률상 분명 가족임에 틀림없기 때문이다.

그럼에도 나는 여전히 가족으로 받아들이기 힘이 들었다. 그런 내 모습이 참 찌질하다는 생각도 들었다. 하지만 고민한다고 해결될 문제가 아니어서 마음 한구석에 묻어둘 수밖에 없었다. 사전상, 법률상 정의하는 가족의 범위는 적어도 나에겐 무의미하다는 생각이 들었다.

가족은 선택할 수도 있다

사전상 법률상 가족이라 할지라도 정서상 가족이 아닌 사람들은 생각보다 많다. 조금 센 사연 하나를 소개해보고자 한다. 청와대 청원게시판에 '아버지에게 사형을'이라는 매우 자극적인 제목의 청원이 올라왔다.

사연인즉 이혼 소송 중이던 아내에게 앙심을 품은 남편이 주차장에서 아내를 살해한 것이다. 남편은 우발적이라 주장했지만 조사 결과 매우 계획적인 것으로 판명되었다. 경찰 조사가 시작되기도 전에 중학생인 딸은 아버지의 범죄는 고의적이라 주장했다.

남편의 폭력으로 시작된 이혼 소송 중에도 걸핏하면 아내를 죽이겠다고 협박했다는 것이다. 실제로 남편은 위치 추적기를 아내의 자동차에 달아 미리 동선을 파악했고 범행에 사용한 둔기 역시 미리 준비한 것으로 조사되었다. 이 사건에 대한 네티즌들의 갑론을박이 펼쳐졌다.

'남편에게 중형을 내려야 한다.'
'그래도 딸이 아버지를 저렇게 생각하는 것은 잘못이다.'

'죽은 여자만 불쌍하다.'

매우 다양한 의견이 오갔다. 하지만 남편의 잘못이 밝혀지면서 대중의
여론은 딸의 청원을 지지하는 쪽으로 흘러갔다.

과연 이 아빠와 딸을 가족이라 볼 수 있을까? 이 둘은 사전상, 법률상
분명 가족이지만 정서적으로는 이미 가족이 아니다. 군사 대치 중인 적
처럼 가족보다는 원수에 가까워보인다. 더 자극적인 사건도 있지만 마음
만 어지러우니 여기서 멈춰야겠다.

1980년대만 하더라도 '당위성'에 의거한 '가족으로의 삶'이 가능했다.
배우자라서, 부모라서 당연히 가족으로 받아들이고 어떤 희생도 감수하
며 가족으로 살아야 했다. 하지만 2000년대가 되어 여성권이나 인권이
대두되면서 분위기가 사뭇 달라졌다. 서구권은 오랜 사상의 흐름 등으로
이런 변화를 서서히 준비하고 있었지만 우리나라는 그 변화의 속도가 너
무 빨랐다. 결국 여기저기 혼선이 많을 수밖에 없었다.

개인과 공동체는 조화롭게 양립해야 한다. 이 양립을 위해 개인과 공
동체 중 무엇을 우선시해야 할까? 각 삶에서 각자가 대답해야 하겠지만
나는 개인이 우선이라고 본다.

개인의 마음이 먼저 정리되어야 당위적이 아닌 능동적이고 자발적인
공동체로 성장할 수 있다고 생각하기 때문이다.

인류의 고전 성경의 창세기를 읽는데 아브라함의 이야기가 마음에 와 닿았다. 100세의 나이에 본처와 아들을 낳았는데 이전에 이미 후처와 먼저 낳은 아들이 있었다. 본처와 후처는 물론 이 둘 사이에 낳은 아들 간의 갈등은 불 보듯 뻔한 것이었다.

어찌할 바를 몰라 주저하는 아브라함에게 어느 날 하나님이 "후처와 그녀의 아들을 집에서 내보내라."고 말씀하셨다. 아브라함은 잠깐 주저했지만 결국 하나님의 말대로 했다. 쫓겨난 후처와 그녀의 아들은 죽을 고비를 넘기면서 생존했고 나중에 12부족의 족장으로 성장했다. 아브라함의 과감한 결단으로 본처의 아들도 후처의 아들도 모두 성공적인 인생을 살 수 있었다.

이 내용을 읽는데 마음 한구석에 있던 무거운 짐이 덜어지는 느낌이들었다. 나도 아브라함처럼 마음속에 있던 가족에 대한 부담감을 털어내야 했던 것이다. 넷째 이복동생에 대한 부담감을 덜고 내가 먼저 책임져야 할 가족의 범위를 정할 수 있게 되었다.

당신에게 가족이란 무엇인가? 어떤 당위성에 묶여 괴롭기만 한 것이 가족은 아니라 생각한다. 물론 가족에 대한 책임과 희생을 회피하라는 뜻은 아니다. 각자의 사연은 각자에게 꽤 복잡한 것이니 일일이 다 알 수도 알 필요도 없다. 단지 홀로 그 짐을 짊어지기 너무 힘들 때에는 짐을 정리해야 할 필요가 있다는 것이다.

가족과 나 자신이 양립할 수 있는 가족의 범위를 스스로 결정해보자. 그 안에서 보람과 행복이 단단해지면 그때 가족의 범위를 확장할 수도 있을 것이다. 가족의 범위를 결정하는 요소는 혈연보다 중요한 무언가가 분명히 존재한다.

말을 해야 할까 말아야 할까

아내와 어머니는 별로 사이가 좋지 않다. 처음엔 아내의 부족함 때문에 시작되었다고 생각했다. 물론 나도 좋은 아들이 아니었다. 우리 부부는 너무 철이 없었고 어른을 어떻게 공경해야 하는지 잘 몰랐다. 어머니가 너무 속상해하셔서 우리 부부가 진심으로 사과했다.

물론 그 과정에서 어머니도 잘못하셨다. 하지만 굳이 사과를 받고 싶진 않았다. 어른으로서 그럴 수 있다고 생각했다.

그러다가 시간이 흘러 또 다른 갈등이 유발되었다. 그런데 이번에는 상황이 달랐다. 그 사이 아내는 자신의 부족함을 인지하여 변화되기 시작했는데, 어머니는 아내의 변화를 인지하면서도 한 걸음 더 나아가고 싶으셨던 것이다.

그런데 안타깝게도 어머니의 그런 의도가 내가 보기엔 조금 과하다 싶었다. 뭐 그리 큰일이 벌어진 것은 아니다. 하지만 아주 소소한 어머니의 태도나 말 한마디가 도를 넘을 때가 있었다. 물론 어머니의 입장에서 늘 부족한 며느리가 마음에 안 드셨을 수도 있다.

고부 갈등에는 답이 없어 보인다. 전문가가 나서서 둘을 중재하면 좋겠다. 남편이 아무리 전문가라 하더라도 제3자가 아니라서 말이 먹히지 않는다.

때론 잠시 떨어져서 숨을 고르는 것이 가장 좋을 때가 있다. 말을 해야 할까 말아야 할까 고민이 된다면 너무 열심히 하려 하지 말고 잠깐 떨어져 숨을 고르라고 말하고 싶다.

혈연보다 끈끈한 인연도 있다

함부로 인연을 맺지 마라.
– 법정

부모보다 중요한 부부

가족이라는 단어를 생각할 때 혈연과 인연 중 어떤 단어가 먼저 떠오르는가? 아마 대부분은 혈연이라는 단어를 먼저 떠올릴 것이다. 혈연도 넓은 범주에서 인연에 포함된다. 하지만 보통 혈연이 아닌 타인과의 관계를 인연이라고 부른다. 그런 관점에서 가족은 혈연과 더 가깝게 느껴진다는 것이다.

대부분의 사람들이 생각하는 것처럼 가족은 혈연과 더 밀접할까? 가족이 인연보다 혈연에 가깝다고 생각하는 것은 아마 부모와 자녀의 관계를 염두에 두었기 때문일 것이다. 우리나라 사람들은 유교적인 가치에 영향을 받는다. 그래서 대부분 배우자보다 부모를 더 중요하게 여긴다.

유교뿐 아니라 기독교에서도 부모는 거의 신적인 지위와 맞먹는다. 십계명은 2개의 돌 판으로 만들어져 있다. 첫 번째 돌 판의 첫 줄에는 1계명이, 두 번째 돌 판의 첫 줄에는 5계명이 새겨져 있다. 1계명은 하나님을 섬기라는 것이고, 5계명은 부모를 공경하라는 것이다. 1계명과 5계명이 각각 2개의 돌 판에 첫 번째로 새겨져 있다는 것이 중요하다. 즉 하나님을 섬기는 것과 부모를 공경하는 것이 다르지 않다는 것이다.

불교에서도 부모 공경에 대한 가치를 매우 중요하게 여긴다. 불교 경전에 대한 깊은 지식은 없다. 다만 등산을 하다 사찰에서 흘러나오는 설법을 들어보면 부모 공경에 대한 내용이 꼭 나와서 하는 말이다.

이처럼 동서고금과 대부분의 고등 종교에서 부모 공경은 매우 중요하다. 그렇지만 부모가 되기 위해 먼저 부부가 되어야 한다는 사실을 쉽게 간과한다. 부부가 먼저 존재해야 부모도 존재할 수 있다. 즉 가족은 부모보다 부부가 우선이라는 말이다. 부모 공경의 가치만큼 부부 중심의 가족 경영이 정말 중요하다.

부부가 되기 전의 자녀는 인생을 먼저 산 부모의 경험을 높이 살 필요가 있다. 하지만 부부가 된 이후에는 부모를 공경하되 부부간의 정을 방해할 정도가 되면 안 된다. 정신적으로 육체적으로 부모로부터 완전한 독립을 이루어야 한다. 부모도 부부가 된 자녀를 떠나보내야 하고 자녀역시 부모를 떠나야 한다.

세상의 기원이 창조인지 진화인지 여전히 갑론을박 중이다. 하지만 진화나 창조 모두 부모보다 부부가 먼저이다. 부부가 먼저 존재해야 자녀가 존재하고 동시에 부모가 존재할 수 있다. 한마디로 말해 가족은 혈연보다는 인연에 더 영향을 받는다는 것이다.

혈연보다 인연이 먼저이기 때문에 혈연을 넘어 얼마든지 확장될 수 있다. 누구나 아는 입양도 그렇고, 매우 드물지만 양부모를 모시기도 한다. 최근 '할담비'로 유명해진 지병수 할아버지가 그렇다. 우연히 인연을 맺은 아들이 그를 양아버지로 모시고 있다.

또 종교나 취미 등으로 형성된 공동체가 끈끈해져서 때로 가족보다 더 가족처럼 느껴질 때도 많다. 가족은 인연으로 시작되었기 때문에 유전자를 바탕으로 한 혈연만 너무 고집할 필요는 없다. 임신과 출산의 가치는 여전히 중요하지만 어쩌면 양육의 가치가 더 중요하기 때문이다. 양육이 얼마나 힘들면 아기가 뱃속에 있을 때가 가장 편하다고 말할까. 낳은 정보다 기른 정이 얼마든지 더 깊어질 수 있다.

보육원 제도가 있지만 개인적으로 어쩔 수 없는 대안일 뿐이라고 본다. 그곳에서 헌신적으로 일하는 많은 종사자들과 봉사자들을 폄훼할 뜻은 없다. 그럼에도 보육원은 일대일로 채워져야 할 아이들의 마음을 채울 수는 없어 보인다. 더구나 또래끼리의 관계를 통해 사회를 배우는 것은 매우 위험할 수 있는데 보육원은 그럴 수밖에 없는 상황적 한계가 있다.

비용 면에서도 그렇다. 모든 보육원이 그런 것인지는 모르겠지만 사회 운동에 열심인 한 목사님이 말하길 30명의 아이를 돌보기 위해 30명의 직원이 필요하다고 한다. 그들의 인건비는 물론 부동산 구입 및 유지 비용도 많이 든다. 이 비용을 차라리 입양하는 부모에게 지원하는 것이 훨씬 효율적이라고 했다. 물론 이것을 악용하는 사람들도 있지만 실보다 득이 더 많다고 말했다.

가족을 지탱하는 중심에는 부부라는 인연이 더 중요하기 때문에 자녀 역시 혈연만 고집하지 않고 입양을 통해 인연을 만들어갈 수도 있다. 혈연을 넘어 진정한 가족으로 충분히 확장될 수 있다고 본다.

아주 작은 점 하나의 위력

내 아내의 선배가 3명의 자녀를 입양했는데 딸 둘은 어릴 때 입양하고 아들 하나는 열두 살에 입양을 했다고 한다. 한창 예민할 시기라 몹시 힘든 시기를 보냈고, 지금도 그런 시기를 보내고 있다. 하지만 그 아들 때문에 아빠는 스스로 할 수 없는 한계를 더 많이 느끼고 겸손하게 사람을 대하는 마음을 알게 되었다고 한다.

2년 정도 지난 지금 아들의 마음이 많이 열렸지만 여전히 힘들어 보인다. 그럼에도 아빠가 인연의 가치를 알고 있기에 언젠가 아들의 마음이 열리리라 믿는다.

혈연보다 인연이 훨씬 중요하고 또 삶에 미치는 영향도 크다고 본다.

나는 중학생 때부터 가족과 떨어져 지냈고, 스무 살에 학업을 위해 서울에서 사느라 가족과의 교류는 점점 줄었다. 그렇게 군대를 제대하고 교회에 나가기 시작했다.

처음엔 몰랐는데 어느 순간 교회에서 만나는 사람들이 가족보다 더 친밀하다는 생각이 들었다. 가족은 1년에 4번 정도 밖에 못 보는데 교회 사람들은 50번도 넘게 본다. 청년부나 주일학교 봉사를 하면서 친밀감이 깊어진 사람들끼리는 삶을 더 깊이 나누기에 가족보다 더 친밀하게 느껴졌다.

목사가 되어 성도들의 삶을 함께 나누다 보면 더욱 그런 느낌이 들 때가 많다. 혈연으로 맺어진 두 여동생은 1년에 한 번 볼까 말까 한다. 그런데 성도들은 훨씬 자주 만나다 보니 여동생들의 안부보다 더 잘 알고 있다. 자주 또 깊은 교류가 있다 보니 더 가족처럼 여겨질 때가 많다.

대부분의 사람들은 운명적인 만남이 일반적인 만남보다 더 큰 인연이라 여긴다. 스스로 선택할 수 없을 때 오히려 더 운명적으로 느낀다. 그래서 부부보다 자녀를 더 큰 인연이라 생각한다. 배우자는 자신이 선택한 것이지만 자녀는 자신이 선택할 수 없기 때문이다.

둘 중 어느 것이 더 큰 인연인지 증명하기는 어렵지만 한 가지 분명한 것은 있다. 선택할 수 없는 운명적인 만남이든지, 선택할 수 있는 평범한 만남이든지 두 경우 모두 관계의 지속을 위해 상당한 노력이 필요하다는 것이다.

첫눈에 반한 커플일지라도 결혼 후에는 이전과 전혀 다른 방향의 노력을 시작해야 한다. 자녀를 대할 때도 마찬가지이다. 출산과 양육의 문제로 엄마는 매일 고민하고 선택한다. 자녀가 부모를 대할 때도 그렇다. 부모의 뜻에 순종할 것인지, 자신의 뜻에 따라 독립할 것인지 바르게 결정할 수 있기까지 참 많은 시간과 노력이 필요하다.

이 노력이 바른 방향으로 꾸준히 지속되면 평범한 인연도 비범하게 발전해갈 수 있다. 우리 삶은 선택의 연속이고 운명적인 일보다 평범한 일이 더 많다. 이 때문에 거저 주어지는 운명적인 만남을 기다리기보다 평범한 만남에 더 에너지를 쏟아 비범한 인연으로 키우는 것이 더 좋아 보인다.

운명으로 시작된 만남은 노력의 지속을 방해할 수도 있다. 첫눈에 반하는 것은 내가 노력해서가 아니라 저절로 일어난 일이다. 노력 없이 얻었기 때문에 이후로도 노력 없이 저절로 관계가 진행될 것을 기대한다. 하지만 저절로 얻어진 것이 노력 없이 지속될 수는 없다고 본다.

이런 면에서 인연은 혈연보다 훨씬 끈끈할 수 있다. 둘 모두 관계를 유지하기 위해 노력과 희생이 필요하지만 혈연보다 인연에 에너지를 쏟는 것이 오히려 쉬울 수 있기 때문이다. 가족 구성원은 각자의 위치에서 자신의 역할을 감당해야 한다. 함께 공감하고 함께 머리를 맞대고 함께 하는 방향으로 자신의 역할을 감당할 줄 알아야 한다.

'님'이라는 글자에 점 하나를 붙이면 '남'이 된다. '남'이라는 글자에서 점 하나를 빼면 '님'이 된다. 가족으로 살기 위해 취해야 할 점이 있다면 취해야 하고, 버려야 할 점이 있다면 버려야 한다. 아주 작은 것이 가족의 관계를 방해한다. 그것이 무엇인지 가족이 함께 발견해야 한다. 그 작은 점 하나로 가족의 행복지수가 달라지기 때문이다.

함께 성장하는 가족을 꿈꾸며

아무리 처한 현실이 이러해도 인생은 정말 아름다운 것이란다.
– 영화 〈인생은 아름다워〉 중에서

아이와 부모는 함께 성장한다

'철이 든다.'라는 말은 계절의 흐름을 읽을 줄 안다는 뜻이다. 농경사회에서 계절의 흐름을 파악하여 수로를 정비하고, 씨를 뿌리고, 열매를 수확하는 일은 가족의 생계와 직결된 일이었다. 그래서 어린 나이에 가족의 생계를 짊어진 아이들에게 일찍 철들었다고 말하기도 했다.

철이 들어야 할 나이에도 철이 들지 않는 자식이 있으면 빨리 장가를 보내 독립시키려 했다. 자기 가족에게 애착이 생기고 가족들의 생계를 꾸려봐야 비로소 철이 들 수 있다고 생각했다.

요즘 젊은 사람들에게는 조금 터무니없이 들릴 수도 있다. 경제적인 능력도 없이 결혼만 덩그러니 하면 제대로 사람 구실을 못할 수도 있을 것 같아 보이기 때문이다. 아무래도 그 시대에는 결혼이 철없는 사람의 살림 경제 개념을 배우는 계기가 될 것으로 기대한 듯하다.

하지만 경제 개념만 있다고 해서 성공적인 가족으로 살 수는 없다. 혼자서 자유를 만끽하고 살다가 배우자를 만나면 지금까지 만끽하던 자유를 많이 포기해야 하기 때문이다. 경제 능력은 물론 서로의 다름을 받아들이고 인정하는 심적 능력도 길러야 한다.

여기에 자녀가 생기면 더욱 그렇다. 성공적인 출산과 양육은 나의 욕구보다 자녀 또는 가족의 욕구에 더 초점을 맞춰야 할 때가 많기 때문이다. 사랑스러운 자녀를 보면서 저절로 될 때는 상관이 없는데 그렇지 못할 때조차 그래야 하니 어려운 것이다.

더구나 첫째 아이가 처음부터 막 사랑스러운 사람은 매우 드물다. 그래서 모든 부모에게 있어 첫째는 참 어렵다. 아이를 키우는 육아(育兒)가 곧 자신을 키우는 육아(育我)가 되어야 한다. 출산은 오롯이 아내의 몫이지만 육아는 온 가족이 함께 해야 한다. 물론 어느 정도의 기간 동안은 외부의 손길이 필요하지만 이후에는 점점 가정 내에서 해결되어야 한다.

갓 출산한 아내의 몸에 무리가 가지 않도록 최소한의 움직임만 하도록 배려해야 한다. 갓 태어난 아이는 2시간 간격으로 젖을 먹여야 한다. 일상의 모든 흐름이 단절되고 모든 초점이 아이와 산모에게 맞춰진다. 쉽게 말해 내 맘대로 되는 일이 하나도 없다. 몸과 마음은 피폐해지고 종종 분노감과 우울감이 교차한다.

이 과정을 잘 극복하면 비로소 가족을 사랑한다는 뜻을 알게 되고 하나라도 더 좋은 것을 주고 싶은 마음이 들게 된다. 가족으로 살지 않았다면 결코 알 수 없었던 것들을 가족으로 살면서 느끼고 깨닫는 과정에서 우리는 한 뼘 더 성장한다.

우리 부부에게 첫아들이 찾아왔을 때 아내는 약한 우울 증상을 보였다. 곁에서 아내를 잘 지켜보았다고 생각했지만 나 역시 당시에는 그것이 우울 증상인지 몰라 제대로 대처하지 못했다. 그럼에도 부부 모두가 질적인 성장이 일어나는 시간이었다. 이때만 해도 스스로 참 괜찮은 남편이자 아빠라고 생각했다. 그런데 넷째를 낳고 그 생각이 완전히 깨졌다.

전혀 생각지 못한 넷째 임신 소식에 놀란 것도 잠깐이었다. 어느새 태어난 아이를 돌보느라 분주해졌다. 장모님이 도우셨지만 건강상의 이유로 밤 수유는 우리 부부가 해야 했다.

첫 2주는 아내의 몸조리를 위해 아내를 재우고 나 혼자 밤중 수유를 했다. 그렇게 1개월을 넘기고 2개월을 지난 어느 날 갓난아이에게 짜증을 내고 있는 나를 발견했다. 잠을 제대로 못 자면서 스트레스가 쌓이고 재택근무 중인데 갓난아이 때문에 어수선해서 더 힘들었다.

분노감과 우울감도 자주 교차했다. 이전 셋째까지는 처가에서 2개월 정도 지난 후에 집에 왔는데 넷째는 처음부터 함께여서 더 힘들다는 것을 알게 되었다.

이 일을 계기로 아내들의 산후우울증에 대해 조금은 더 깊이 공감할 수 있었다. 남편이 출근한 동안 오롯이 혼자 감당해야 하고 익숙하지 않은 그 일을 하느라 얼마나 불안하고 힘들었을까? 지금은 첫째를 불안하고 철없게 대하던 엄마에서 멋진 엄마로 성장했지만 말이다.

함께 성장해야 한다

모든 엄마들은 첫아이를 어색하게 만난다. 아내는 남편의 공감과 지지를 바라고 고충을 토로하지만 남편은 자신을 탓하는 듯해서 마음이 불편하다. 남편도 나름대로 열심히 도와주려 노력하지만 도울 수 없는 아내의 책임의 영역이 있기 아내는 고역이 가중된다.

엄마가 되기 전에도 또 엄마가 된 후에도 아무도 어떻게 살아야 할지 가르쳐준 적이 없다. 좋은 대학 나와서 취직만 잘하면 다 해결될 줄 알고 살았다. 그렇게 배우자를 만나고 출산과 양육이 시작되니 더 어려울 수밖에 없다.

갓난아이와 타협은 있을 수 없다. 부모가 전적으로 맞추어야 한다. 예쁘게 차려입고 외출을 할 수도 없고 자신의 커리어가 퇴행하는 것을 막을 수도 없다. 지금까지의 삶이 다 허무해 보이고 심지어 역행하는 것 같아 속상하고 불안하다.

첫아이라 방법을 몰라서가 아니다. 요즘 같은 시대에 마음만 먹으면 정보는 얼마든지 얻을 수 있다. 초보엄마들의 불안함은 지금까지 배우지 못한 엄마로서의 정체성이 새롭게 눈뜨는 시기이기 때문에 생긴다.

엄마로서의 정체성은 저절로 만들어지지 않는다. 출산의 고통과 육아의 수고를 통해 껍질이 깨지면서 비로소 엄마라는 새로운 정체성이 내면에 튼튼하게 자리 잡는다. 그렇게 한걸음 더 성장하는 것이다.

여성들이 엄마로 성장하는 과정에서 남편이자 아빠인 남성들은 아내의 마음을 잘 돌봐야 한다. 설거지와 청소를 돕는 것보다 훨씬 중요하다. 물론 쉽지 않다. 아내 스스로도 알 수 없는 감정의 변화를 어찌 남편이 알아채고 돌볼 수 있겠는가?

하지만 시시때때로 아내에게 문자도 보내고, 시키는 일을 하는 것은 물론 스스로 도울 일도 찾고 아이보다 아내에게 더 관심을 보여야 한다. 남편과 한 배를 탄 가족이 아니라 경쟁자로 인식하며 남편의 커리어에 질투를 해도 아내의 마음을 한 번쯤 헤아릴 수 있어야 한다. 무엇보다 아내의 말에 공감하려는 노력이 중요하다. 그러는 사이 부모로서 자라는 것은 물론 부부로서의 성장도 함께 일어난다.

부모가 되면 비로소 부모의 마음을 알게 된다. 부모의 사랑과 희생이 얼마나 큰 것인지도 깨닫게 된다. 혹여 부모에게 상처를 받았던 마음들이 있다면 자녀를 낳고 양육하는 과정에서 치유되기도 한다.

깨진 가정에서 자란 나는 시시때때로 버림받았다는 느낌을 받았다. 아버지는 새어머니와 그 자녀들에게 관심이 더 많았다. 지금은 충분히 이해가 가지만 그럼에도 불구하고 자녀들을 향한 일련의 배려가 많이 부족했다. 그에 대한 상처를 평생 안고 살아야 할 줄 알았다. 그런데 첫째아이를 만나고 완전히 회복되는 경험을 하게 되었다.

첫아들이 100일 즈음 되었을 때였다. 잠을 재우기 위해 아이를 안고 집 근처 놀이터에 갔다. 그날따라 어찌나 하늘이 맑고 별이 많이 보이는지 여기가 정말 서울이 맞나 싶었다. 새근새근 숨을 내쉬며 잠든 아이를 품고 있는데 내 마음 깊은 곳에서 이런 소리가 들려왔다.

'준영아, 아들 예쁘냐? 너도 태어날 때부터 지금까지 내가 그렇게 예뻐하고 있단다. 너는 단 한 번도 혼자인 적도 버림받은 적도 없단다.'

내 마음에서 울린 그 소리가 하나님의 음성인지 심리학에서 말하는 자기 최면인지 모르겠다. 하지만 너무 또렷한 그 음성을 듣자마자 하늘을 올려다보면서 한참을 울었다. 여전히 내 마음의 찌꺼기처럼 남아 있었던 상처가 눈물과 함께 깨끗이 씻겨 내려갔다.

심리치료나 상담이나 목사님을 만나 하소연한 것도 아니었다. 그저 잠이든 아이를 꼭 안고만 있었는데 그런 일이 일어났다. 그 상처가 씻기는 그 순간 내 마음이 한 뼘 자랐다는 것을 스스로 알 수 있었다. 정말 좋은 부모가 되어야겠다고 다시 한 번 다짐했다.

"인연 함부로 맺지 말아라."

법정 스님이 하신 말이다. 여기에 한마디 첨언하고 싶다. 이미 인연이라면 함부로 끊지 말아라. 뒤엉켜서라도 어떻게든 살아보려고 애를 써보라. 자기도 모르는 사이 행복을 향해 함께 성장하고 있는 가족을 발견할수 있을 것이다.

가족은 함께 성장한다. 그릇 귀퉁이가 깨지면 깨진 만큼만 물을 채울수 있는 것처럼 가족 구성원 중 누구 하나라도 깨지면 모든 가족이 거기까지만 행복할 수 있다. 그렇기 때문에 가족은 함께 성장해야 한다. 그렇다고 귀퉁이가 깨진 가족을 비난해서는 안 된다. 귀퉁이가 깨지지 않은가족은 단 하나도 없기 때문이다.

'너 때문'이라는 비난 대신 서로를 감싸 안아야 한다. 콩쥐를 도왔던 두꺼비처럼 가족은 서로의 깨진 귀퉁이를 덮어줄 수 있는 두꺼비가 되어야한다. 그때부터 행복이 차곡차곡 쌓이면서 결국 그릇을 넘어 삶으로 흐르게 된다.

좋은 가족에게는 정답이 없다

고정관념이 사람을 멍청이로 만든다.
– 정주영

정답은 없다

초등학생 시절 가장 하기 싫은 것 중 하나가 수학 숙제였다. 문제를 반복해서 풀이하고 답을 찾는 과정이 어찌나 지루했던지 선생님이 숙제를 내면 전과에 나온 풀이와 정답을 베낀 후 제출하길 수없이 반복했다.

물론 전과에는 문제를 푸는 과정이 잘 설명되어 있어서 혼자 공부하는 데에도 도움이 되었다. 물의 전기분해 원리를 알지 못하던 그 당시 건전지로 분해된 수소에 불이 붙는 모습을 보면서 전과가 마치 마법 책처럼 여겨진 적도 있었다.

살면서 다양한 문제가 발생하면 초등학생 시절 수학 숙제가 생각난다. 어떻게든 빨리 문제가 해결되거나 이 상황이 저절로 정리되기만을 바란다. 이런 문제 앞에서 절망감이 들 때면 인생 문제에 대한 풀이가 적힌 전과가 한 권 있었으면 좋겠다는 생각이 든다. 그러면서 어느새 자신만의 전과를 만들었다.

'이 문제는 이렇게 저 문제는 저렇게 대처하면 될 거야.'라면서 자신의 경험을 토대로 정답을 채워간다. 그렇게 쌓인 자신만의 정답은 어느새 모든 문제를 해결할 수 있는 마법 책 같다. 그런데 그 마법 책을 마구 사용하면서부터 진짜 문제가 발생한다.

배우자에 대한 정답, 부모 공경에 대한 정답, 자녀 양육과 교육에 대한 정답 등 자신의 정답만이 옳기 때문에 다른 정답은 인정할 수 없게 된다. 이내 다른 의견을 가진 사람들과 갈등이 생기고 처음 문제가 다른 문제로 점점 악화된다.

하루는 한 교인이 여러 사람 앞에서 자기 아버지가 술을 자주 드신다고 불평을 늘어놓는 것을 들었다. 곰곰이 듣다가 아버지가 술 때문에 어떤 문제가 발생한 적이 있냐고 물었다. 그러자 그는 그런 적은 한 번도 없었고, 술은 집에서만 드시지만 아버지는 교회의 장로인데 너무한 것 아니냐고 했다.

나도 교회의 장로가 술을 마시는 것이 별로 좋은 것이라 생각하지는 않는다. 아마 교회에 다니지 않는 사람일지라도 마찬가지일 것이다. 그래도 음주 때문에 특별한 사고가 나지 않는 한 이미 마시기로 작정한 아버지와 갈등하기보다 맛있는 안주를 해드리는 것이 낫다고 생각했다.

그래서 그분에게 아버지의 음주를 공격하지 말고 아버지의 건강과 교회 내 평판을 걱정하면서 안주라도 만들어드리는 편이 더 나을 것 같다고 했다. 그러자 그 교인은 나를 매우 한심스럽게 보았다. 내가 이렇게 말한 것은 나름 이유가 있다. 이 아버지는 딸에게 건물도 구입해주시고 독립을 위해 여러 가지 지원을 아끼지 않으셨다. 그런데 딸은 그런 은혜를 알면서도 너무 팍팍하게 구는 것이 아닌가 싶어서였다. 물론 이분은 매우 효녀이시고 모든 일에 열심이시다. 절대 나쁜 사람은 아니니 오해는 없길 바란다.

어떤 음주는 분명 나쁘지만 어떤 음주는 마음에 용기를 북돋는다. 내 말이 아니라 성경의 잠언에 그렇게 적혀 있다. 술은 반드시 죄와 이어진다는 것은 고정관념이다. 상황에 따라 다른 해석만 있을 뿐이다. 술뿐 아니라 가족도 마찬가지이다.

좋은 가족과 나쁜 가족은 분명히 있다. 순기능을 통해 개인과 사회를 연결하고 세상을 살아갈 관계의 척도를 만들어가도록 돕는 것이 좋은 가정이라면 나쁜 가정은 그 반대일 것이다.

여기서 일일이 좋고 나쁜 사례들을 열거할 수는 없지만 좋은 가족의 확실한 특징이 하나 있다. 좋은 가족에는 정답이 없다는 것이다. 동일한 사건이 벌어져도 상황에 따라 달리 해석하고 이를 받아들이는 자세가 훨씬 유연하다. 그렇기 때문에 갈등 발생 빈도가 현저히 낮고 갈등이 발생하더라도 큰 싸움으로 번지지 않는다.

자기 정답이 너무 분명한 사람들은 타인의 말을 끝까지 경청할 수가 없다. 우리는 알게 모르게 타인의 말도 자신의 기준으로 해석하며 듣는다. 해석한다는 표현은 너무 좋은 표현이고 사실은 자신만의 기준으로 판단하면서 듣는다. 그렇기 때문에 말을 끝까지 듣지 못하고 자꾸 중간에 끊어버리기 일쑤이다. 그 순간 누군가는 이기지만 누군가는 진다. 그 패배의 마음이 쌓이면 자녀들은 반항하고 배우자는 말이 없어진다.

자신만의 정답을 찾는 것은 인생을 살아가는 기준이 되기 때문에 반드시 필요하다. 하지만 자신이 찾은 정답만 고집하는 것은 좋은 가족으로 성장하는 것을 방해한다.

좋은 가족으로 살지 못하는 사람은 좋은 사회생활도 어려울 수 있다. 가족 간에 정답만 고집하면 결국 사회에서도 같은 모습으로 살 수밖에 없다. 자기만의 정답이 굳어져 마치 주머니 안의 바늘처럼 굳어지면 언젠가 자기 허벅지를 찌르고 다른 이도 찌르게 된다.

해답은 있다

인생 자체에는 정답이 없다는 사실을 빨리 깨달아야 한다. 그렇게 스스로의 고정관념에서 벗어나 제대로 문제를 해결할 수 있어야 한다. 이 과정을 해답의 과정이라 생각할 수 있다. 고정관념에 사로잡힌 정답이 답이 될 수 없다는 것이지 문제에 대한 답은 늘 존재한다. 답이 존재한다는 것을 알아야 답을 찾기 위해 노력할 수 있다. 구하고 찾고 두드리다

보면 반드시 문제가 해결될 수 있음을 믿고 포기하지 말았으면 좋겠다.

나의 아버지와 어머니는 성향이 너무 반대이시다. 아버지는 특별한 정답이 없다. 이래도 좋고 저래도 좋다. 그런데 정답만 없는 것이 아니라 해답을 찾기 위한 노력도 하지 않는다. 그래서 남편으로서 아버지로서 책임감이 약하다. 오는 사람 막지 않고 가는 사람 잡지 않는다. 되면 좋지만 안 되면 그만이라는 식으로 인생을 사시는 듯 보인다.

내가 중년의 나이에 접어들고 보니 어쩌면 아버지가 노력을 안 한 것이 아니라 못한 것일 수도 있다는 생각이 든다. 경제적인 능력도 부족하고 인간관계를 건강하게 맺는 법도 모르니 노력을 못 할 수밖에 없다.

어머니는 그런 아버지를 많이 원망하셨다. 어머니의 원망에는 합당한 이유가 있다고 본다. 하지만 그 원망의 근원에는 아버지를 탓하는 어머니의 잘못된 마음도 있다고 본다. 어머니는 아버지와 달리 정답이 분명했다. 거의 마법 책 수준으로 자신의 정답을 가지고 계셨다. 그렇다고 편협하고 고집불통의 사람은 아니었다. 어머니의 정답은 98% 옳은 것이라 여겨진다. 하지만 늘 2% 때문에 만족과 불만족이 가려지는 듯하다. 부모는 이래야 하고 배우자는 이래야 하는데 부모도 배우자도 늘 자신의 정답에 못 미쳤다.

어머니의 말에 더 많은 영향을 받은 나는 늘 아버지만 문제인 줄 알았다. 그런데 내가 부부로 살면서 느끼는 점이나 다른 여러 부분들을 대하면서 생각이 바뀌었다. 어머니는 자신만의 정답이 너무 분명했고 이 정답으로 인한 일정한 반응 패턴이 있었다. 외할머니나 큰 외삼촌에 대한 상처가 있었고 이 상처는 그대로 남편에게로 이어졌다. 그리고 상처에 대한 반응 역시 비슷하게 이어졌다.

물론 상처를 준 사람에게 일차적인 책임이 있다. 하지만 상처를 받는 사람에게도 일정한 부분 책임이 있을 수 있다. 영향을 받지 않으면 그만인데 계속 영향을 받고 있기 때문이다. 내면의 상처를 극복하지 못하면 고정관념은 더 굳어지고 스스로의 틀에 갇힌다. 어제의 상처와 내일에 대한 두려움이 오늘의 선택을 주저하게 만든다. 무엇을 선택해도 만족함이 없고 늘 불안하기만 한다. 결국 최악의 상황에 이르게 되는데 자기 자신의 인생에 대한 선택권을 남에게 넘겨버리게 된다. 이런 사람들은 남탓을 심하게 한다.

어머니의 경우 열등감으로 인한 낮은 자존감이 삶에 대한 주저함을 가중시켰다. 외부를 향한 원망은 자신을 향한 원망에서 시작된다. 자신을 낮게 보기 때문에 높은 기준으로 살아야 한다고 생각한다. 그런 기준으로 상대방도 낮게 보고 높은 기준으로 살 것을 요구한다. 동시에 스스로 확신이 없으니 상대방의 의견에 늘 휘둘릴 수밖에 없다.

조금 모자라도 되고 낮아도 된다. 때론 나의 삶을 상대방이 우습게 여길지라도 스스로 좋아하는 것이라면 상관없이 살 수도 있어야 한다.

자존감이 높아지면 스스로를 어떤 틀에 가두지 않는다. 스스로에 대해서도 타인에 대해서도 정답을 만들지 않는다. 그런데 이 자존감이라는 것이 참 우습다. 혼자서만 만들어내는 것이 아니기 때문이다. 그래서 성벽과 같은 튼튼한 가족이 필요하다. 그 안에서 건강하고 바람직한 자존감을 세워가는 것이 정말 중요하다. 자존감과 비례하여 정체성도 굳건해진다. 이런 정체성과 자존감을 바탕으로 해답을 찾기 위해 주저함 없이 선택하고 도전하며 살 수 있게 된다.

좋은 가족은 정답이 없다. 단지 해답이 있음을 알고 함께 해답을 찾는 여정에 오른다. 좋은 가족이 되려면 자신만의 정답으로 상대를 비판하는 것을 멈춰야 한다. 오직 해답을 찾기 위해 머리를 맞대야 한다. 그 과정에서 가족은 하나가 되고 행복해지며 건강하게 성장한다.

가족이 되면 비로소 보이는 것들

관점이 인식이 되고 가치가 되고 실재가 되고 미래가 된다.
- 공병호

완전한 부모는 없다

한 가난한 모녀가 생계를 위해 아빠의 유품인 보석 목걸이를 처분해야 했다. 딸은 비싸 보이는 목걸이를 들고 보석상에 갔다. 보석상 주인은 금값이 좋지 않으니 나중에 팔라고 하며 돈을 빌려주고 내일부터 보석상에 출근하라고 제안했다. 그렇게 시작한 보석 일에 재능을 보인 딸은 이내 입소문이 나서 손님들이 찾기 시작했다. 그런 어느 날 주인은 딸에게 이제 금값이 좋으니 목걸이를 가져오라고 했다. 집으로 돌아간 딸은 목걸이를 꺼내 찬찬히 살피다가 이내 실망하며 다시 서랍에 넣었다.

보석에는 미세한 균열이 많아 높은 가격을 받을 수 없었고 줄마저 도금이었다. 보석상 주인 역시 이 사실을 알고 있었을 텐데 자신에게 숨긴 이유가 궁금해서 물었더니 주인이 이렇게 대답했다.

"만약 그때 진실을 말했으면 내가 더 이득을 보려고 너희 모녀를 속이는 줄 알았을 거 아니냐? 하지만 이제 보는 눈이 생겼으니 그것이 아닌 줄 알겠지?"

숲을 지나야 숲이 보이듯이 가족이 되어야 비로소 가족이 보인다. 부부가 되고 부모가 되어야 비로소 보이는 것들이 있다. 어릴 적 내가 보는 부모님은 목걸이 중앙에 박힌 보석처럼 빛이 났다. 그 보석을 중심으로 이어진 가족이라는 금줄은 영원히 변하지 않을 것 같았다.

이제 부부와 부모가 되어 가족으로 살아보니 부모라는 보석에 미세한 균열들이 많았고 가족 역시 진짜 금이 아닐 수 있다는 사실도 받아들일 수 있게 되었다.

어릴 적 부모님의 불화로 친할머니 손에 자랐다. 경제적인 후원은 큰고모가 담당하셨다. 이 두 분은 나에게 좋은 가족이 되어주셨다. 정서적인 친밀도는 친할머니와 가장 깊었고 그다음이 어머니였다. 친할머니는 고등학교 때 돌아가셨고 어머니와는 한 지붕에서 함께 산 기간이 2년 정도밖에 안 된다.

일반적으로 정서적 친밀도는 어머니 다음이 아버지이지만 나는 큰고모가 더 가깝게 느껴졌다. 그만큼 참 좋으신 큰고모였지만 그렇다고 친부모가 될 수 없었고 큰고모의 자녀들과 친남매처럼 자랐지만 결국 친남매가 될 수도 없었다.

정서적으로 느끼는 가족과 실제 혈연의 가족이 다르다 보니 가족 안에서의 내 정체성은 흔들릴 수밖에 없었다. 상처받고 서운할 때도 많았지만 가장 후회되는 것은 그때 받은 상처와 서운함에 너무 오랫동안 사로잡혀 쓸데없이 시간을 허비한 것이다.

부부는 백년해로하고 부모는 희생하고 자녀는 효도하는 것이 당연하다고 생각하고, 그렇게 살고 있는 것처럼 보이는 가족이라도 미세한 균열은 존재한다. 어제까지 깨가 쏟아지다가도 오늘 천둥 번개가 치는 것이 부부이다. 희생만 하는 부모보다 자녀 스스로 자랄 수 있도록 배려하며 부부끼리 행복한 것이 더 낫다. 자녀가 성공은 못해도 자기 앞가림만 해도 충분히 고맙다. 가족이 되어보니 이런 것들이 보인다.

이런 면에서 아직 부부가 되지 않았다면 진짜 가족으로 사는 의미가 다가오지 않을 수도 있다. 독신으로 사는 분들이 들으면 서운할 수도 있지만 살아보니 그런 듯하다.

진짜 부부가 되어 가족의 삶이 시작되고 또 그 안에서 행복과 보람을 느끼면서 마음이 많이 여유로워졌다. 어릴 때는 상처를 준 아버지를 제대로 용서하지 못할 것 같았다. 그런 아버지를 보면서 나 스스로 이상적인 가장은 못될지라도 나쁜 가장이 되면 안 된다고 생각했다. 나에게 아버지는 늘 나쁜 가장의 대표적인 본보기였다.

하지만 가장이 되어보니 아버지의 어떤 면들은 이해가 되기 시작했다.

이해가 된 부분은 용서고 뭐고 할 것이 없었다. 내가 받은 상처는 몰이해로 인한 나의 부족함 때문이었기 때문이다. 나에게 있어 가족이라는 단어가 늘 부담스러운 것은 늘 아버지 때문이다. 결혼 후 고부 갈등으로 어머니도 한몫 하시지만 아버지에 비하면 새 발의 피 정도이다. 이런저런 많은 일을 겪으면서 아버지와의 관계가 소원해졌다. 하지만 자주 뵐 때보다 아버지가 더 편해진 것은 사실이다. 내가 가장이 되니 보이는 것 때문에 아버지가 이해되었기 때문이다.

사실 아버지와의 왕래가 끊긴 것은 아버지가 정말 나를 귀찮아한다고 느꼈기 때문이다. 첫째가 막 태어나 아직 병원에 있었다. 30분 거리에 계셨던 아버지는 전화 한 통 없이 그대로 고향으로 돌아가셨다. 일반적인 아버지와 다른 아버지의 그런 모습을 어느 정도 예상은 했다. 하지만 실제로 아버지의 본심이 무엇인지 생각하다 보니 나 역시 아버지와 굳이 어떤 관계를 맺을 필요가 없다고 생각했다.

어쩌면 아버지의 입장에서 나는 떼어버리고 싶은 혹과 같았을지도 모른다. 초등학교 시절에는 거의 얼굴도 못 보고 지냈고 사춘기가 되어 만났을 때는 서로 너무 어색했다. 부모가 자녀를 낳아 24개월까지 함께 살면서 자연스러운 애착이 형성되어야 한다. 그런데 아버지와는 그런 애착 기간이 없었다. 아무리 혈연이라도 애착이 없으니 가족처럼 느껴지지 않는다. 아버지가 나를 그렇게 느끼셨던 것 같다.

더구나 아내와 사이가 좋지 않으셨던 아버지는 나에게 더 소원하셨을 것이다. 아내와의 불화는 자녀에게 영향을 미치게 된다. 아내는 남편 대신 자녀와 더 가까워지고 이로 인해 남편과 더 멀어진다. 악순환이 시작되는 것이다. 아버지는 어머니와 결혼생활도 순탄치 못했고 이혼하는 과정에서 많은 상처를 받으셨다. 물론 당연히 해야 할 일을 하지 않은 아버지의 책임이라고 본다.

사실 우리나라 이혼제도는 개선되어야 할 필요가 있다. 이혼의 책임과 재산 분배 등의 이유로 상대를 부도덕하고 책임감 없는 인격 파탄자로 만들어야 유리해진다. 그래서 이혼하는 과정에서 원수가 되는 경우가 다분하다. 헤어지면 부부끼리야 도로 남일 수 있지만 자녀에게는 여전히 부모이다. 이혼 후라도 원수처럼 으르렁대는 것은 좋지 못하다. 그렇기 때문에 이혼제도가 하루 빨리 개선되어야 한다.

가족을 선명하게 보아야 하는 이유

가족이 되면 내가 누구인지 비로소 알게 된다. 사춘기를 거치며 남자임을 알게 되고, 가족이 되면서 남편과 아빠로서의 나를 찾게 된다. 그렇게 확장된 정체성이 튼튼해지면 수많은 인생의 파도 앞에 조금은 덜 흔들릴 수 있게 된다.

좋은 가족과 나쁜 가족을 잘 구분할 수 있게 되지만 좋은 가족이라는 신화 속에 갇혀 살지는 않는다. 어릴 때 내가 속한 가족이 선명하게 보이고 지금 내가 이룬 가족도 보이기 시작한다. 그 안에서 내가 누구인지 조금 더 명확해지고 내가 원하는 바도 점점 선명하게 보인다. 아내에게 어떤 남편으로 남고 싶은지, 자녀들에게 어떤 아빠로 남고 싶은지도 생각하게 된다.

내 가족뿐 아니라 다른 가족의 모습도 눈에 들어온다. 미혼 때는 몰랐던 부부 갈등도 보이고, 자녀가 없어 알 수 없었던 부모들의 기대도 보인다. 겉보기에 화목한 부부지만 속으로는 신음하는 것도 보이고, 결혼 자체가 목적이 되어 서로 수단이 된 부부도 보인다. 그러다 보니 우리 가족은 다른 가족에게 어떤 가족으로 기억되면 좋을지 생각하게 된다.

가족이 되면 비로소 보이는 것들, 아니 가족이 되어야만 제대로 보이는 것들이다. 내 안에 숨겨진 수많은 또 다른 '나'라는 퍼즐이 가족이 되어야 하나하나 맞춰진다. 그렇게 나 자신이 선명하게 보일수록 비로소 다른 것들도 제대로 보이기 시작한다.

본다는 것은 삶이 확장된다는 뜻이다. 보지 않으면 결코 살아낼 수 없는 삶이 열린다는 뜻이다. 볼 수 있기에 상처와 서운함에 사로잡힌 모든 과거를 뒤로 던질 수 있다. 볼 수 있기에 미래를 향한 불안함을 잠재우고 희망을 가득 품을 수 있다.

그렇게 볼 수 있기에 지금 이 자리에서 온 힘을 다해 힘껏 살아갈 수 있다. 가족이 되어 볼 수 있는 사람에게만 주어진 가장 큰 특권일 것이다.

가족 간의 사과는 먼저 하세요

아버지와 관계가 매우 소원해진 상태에서 더 소원해질 수밖에 없는 사건이 있었다. 아버지와 큰고모 간에 재산 분쟁이 일어난 것이다. 17년간 분쟁이 일어난 건물에 사신 아버지가 유리했다. 그러자 큰고모 측에서 나에게 증언을 요청했다.

그 순간 정말 많이 고민했다. 아버지와 큰고모 모두 나에게 부모와 같은 분이셨다. 아버지의 편을 들면 큰고모께 죄송하고 큰고모 편을 들면 아버지께 미안했다. 그 순간 딱 하나만 생각했다.

'무엇이 사실일까? 무엇이 옳은 것일까?'

결국 재판에서 나의 증언이 결정적인 역할을 하여 큰고모가 이겼다. 아버지 쪽에서 재판을 진행하던 사람들이 나를 사기 및 뇌물 수수 혐의로 고발했지만 싱겁게 무혐의로 끝났다. 이 과정에서 나는 다시 한번 상처를 받았다. 아무리 그래도 자기 아들을 사기와 뇌물 혐의로 고소를 한단 말인가? 하지만 이 상처를 오래 묵히지 않았다. 이미 상처를 해결하는 방법을 알고 있었다. 몇 달 후 아버지에게 전화를 드렸다.

"아버지, 준영입니다."

딱 이 말 한마디에 전화는 끊겼다. 비록 아버지와 화해하는 데 성공은 못 했지만 해야 할 일은 잘 한 것 같다. 관계가 개선되려면 양측 모두 변화되어야 한다. 상대의 변화는 상대에게 맡기고 기다릴 수 있어야 한다. 하지만 나의 변화는 내가 주도할 수 있다. 할 수 있다면 즉시 하는 것이 좋다. 지금 갈등이 있는 가족이 있다면 즉시 연락해보면 좋겠다. 당장 해결은 안 되어도 나중에 새로운 기회가 될 수 있으니 말이다.

가족은 살아 있는 유기체이다

어기면 안 되는 두 가지 규칙이 있다.
그것은 함께 시작해서 함께 끝내는 것이다.
– 토머스 비첨

넘지 말아야 할 선이 있다

유기체란 따로 떼어낼 수 없을 만큼 긴밀하게 연결된 몸이라는 뜻이다. 보통은 살아 있는 생물을 가리키는 말이다. 각각의 세포가 유기적으로 연결되어 있을 때 한 개체의 생명이 유지된다. 또한 각 개체도 사슬처럼 연결되어 있어야 각 개체와 전체 공동체가 유지된다.

생물 시간에 배웠던 먹이사슬을 예로 들 수 있는데 긴밀한 연결이 끊어지면 전체가 무너질 수밖에 없다. 그렇기 때문에 더 중요하고 덜 중요한 것 없이 모두 중요하다.

인간이 구성한 사회는 매우 유기적인 특성을 가지고 있고 사회의 최소 단위인 가족 또한 그렇다. 남편과 아내, 부모와 자녀는 어느 한쪽이 없으면 다른 한쪽도 존재할 수 없다. 어느 한쪽에 구멍이 생기면 전체가 위기를 맞는다. 누구 하나 빠짐없이 모두 중요하다.

인간은 매우 사회적인 동물이다. 무엇이든 혼자보다 함께하는 것을 좋아한다. 생존을 위한 기본적인 것은 물론 즐거움을 위해 부수적으로 하는 모든 활동은 함께할 때 즐거움도 의미도 더 커진다.

인간은 더불어 사는 가운데 인간이 되어간다. 늑대와 더불어 살면 자신을 늑대로 여기고 늑대처럼 행동한다. 그렇게 더불어 살아가면서 자신의 역할을 발견하고 원하는 일을 발견하며 자신의 영역을 확장해간다.

일련의 모든 과정에서 인간은 서로 무언가를 주고받는다. 더불어 살아간다는 것은 무언가를 주고받는다는 것을 의미한다. 물질적일 수도 있고 정신적일 수도 있다. 서로 간에 주고받으며 영향력을 끼친다. 이 영향력이 확장될 때 존재의 의미도 함께 확장된다. 이것을 가장 먼저 배우는 관계가 가족이다.

이런 유기적인 특성 때문에 내가 속한 가족은 '확장된 나 자신'이라 할 수 있다. 나의 영광이 가족의 영광이고 가족의 수치가 나의 수치이다. 확장된 나 자신으로서의 가족은 구성원의 건강한 독립을 기초로 한다.

그 이상 서로를 침범하는 것은 바람직하지 못하다. 우리나라 가족들은 이것이 너무 지나쳐 위험해 보일 때가 많다. 가족 간에 불편해짐은 물론 가족 이기주의로 빠질 위험도 다분히 있다.

최근 미국의 어느 대학에서 동양인 아줌마가 아주 유명해졌다. 사연인즉 캠퍼스를 돌아다니다 괜찮은 여학생을 보면 자신의 아들과 교제해보라고 권했기 때문이다. 미국인들은 매우 놀랐고 이 엄마의 행동이 잘못은 아니지만 너무 심한 처사라는 비난이 들끓었다.

서양 속담에 "다섯 살까지는 왕처럼, 열 살까지는 고용인처럼, 그 이후로는 손님처럼 대하라."는 말이 있다. 자녀가 어릴 때는 스스로 할 수 있도록 돕고 장성하면 부모를 떠나 경제적 심리적 독립을 이루도록 해야 한다. 그렇지 않으면 더 큰 난관에 부딪힐 수 있다.

하루는 어떤 연로하신 어머니가 자신의 아들을 코칭해달라고 요청이 왔다. 아들이 마흔 살이 다 되어가는데 취직이나 결혼할 생각이 전혀 없어 고민이라는 것이다. 무슨 일인가 싶어 가정 방문을 하기로 했다.

약속한 날짜가 되어 집에 방문해 보니 보기에도 그랬지만 경제적으로 많이 여유 있어 보였다. 2층으로 지어진 단독주택은 깔끔하게 리모델링되어 있었고 잔디가 깔린 마당은 우리 집보다 넓어보였다. 건축면적은 언뜻 보아도 50평은 되는 듯했다. 1층에서는 부모가 거주하고 2층은 아들이 혼자 사용했다.

아들과 이야기를 나누면서 마흔 살이 다 된 아들이 아직도 용돈을 받는다는 것을 알았다. 용돈이 모자라면 단기간 아르바이트를 한다고 했다. 이성교제에는 별로 관심이 없고 가끔 친구들과 술을 마실 때 돈이 필요하다고 했다.

아들에게는 코칭이 필요 없어 보였다. 스스로 변화나 성장을 크게 원하지 않았고 그렇게 해야 할 외부적인 요인도 없었다. 지금의 삶도 얼마든지 만족하고 경제적인 능력이 있는 부모님이 계시니 별걱정이 없었다.

어머니에게 아들을 독립시켜보라고 권했지만 귀한 아들을 집 밖으로 내보내지는 못할 듯 보였다. 어머니도 아들도 답답해 보였다. 물론 한편으로 부자 부모를 둔 아들이 부럽기도 했지만 말이다.

잡음이 소리를 완성한다

가족은 개인과 사회를 잇는 다리의 역할을 한다. 한 개인이 가족이라는 유기체 안에서 건강한 삶을 배우면 가족이 속한 사회에 좋은 영향력을 끼칠 확률이 높아진다.

오늘날 대부분의 신입사원들이 겪는 어려움은 업무 난이도가 높은 것이 이유가 아니다. 직장 내 관계 때문에 어려움을 겪는다. 이들이 겪는 어려움은 유기적인 가족 안에서 건강한 관계를 맺는 방법을 배우지 못했기 때문일 수 있다.

사연은 다양하다. 공부만 하다 그랬을 수도 있고 캥거루 맘을 만났기 때문일 수도 있다. 나처럼 깨진 가정이라서 제대로 배울 기회가 없었을 수도 있다. 특히 부모에 대한 원망과 불만들은 곧장 상급자에 대한 불만으로 이어진다. 부모에게 받은 상처가 피해의식이 되어 부모에게 순종적인 태도를 배우지 못하면 그 태도가 고스란히 상급자를 평가하는 잣대가 된다.

지금까지의 삶에서 배울 필요도 없었고 중요하다고 생각되지도 않았는데 사회생활에서는 가장 중요한 것이 바로 인간관계를 맺는 법이다. 결국 가족 안에서 출발해야 한다. 건강한 유기체로서의 가족이 되어야 하는 이유이기도 하다. 물론 건강하다고 해서 좋지 않은 것이 깃들지 않는 것은 아니다. 이럴 때에는 그것을 제거할 줄 알아야 한다.

우리 가족은 모두 회를 좋아한다. 그래서 조금 더 풍성하게 회를 즐기기 위해 생선을 직접 구입하여 회를 떴다. 겨울 회는 깨끗하기 때문에 문제가 없을 것이라고 생각했다. 그런데 나는 생선을 손질하다가 공포영화에서나 볼 법한 기생충이 살 속에서 꿈틀거리는 것을 보게 되었다.

비싼 생선을 익혀 먹기 아까워 인터넷을 검색해보니 자연산 생선은 십중팔구 기생충이 있다고 한다. 깨끗이 제거하고 먹으면 된다고 해서 깨끗이 손질하여 맛있게 먹었다. 물론 가족에게는 이 사실을 알리지 않았다. 아내가 알면 기절했을 것이다.

겨울 회에도 기생충이 있을 수 있듯이 건강한 가족이라 할지라도 순기능만 있는 것은 아니다. 다양한 역기능들을 가지고 있다. 역기능 자체는 문제가 되지 않는다. 그것을 바라보는 관점과 해결하는 방법을 안다면 말이다. 사용법에 따라 칼이 도구도 무기도 될 수 있듯, 역기능을 잘 도려내고 맛있는 가족의 삶을 이어가면 되는 것이다.

바이올린은 네 줄의 현이 울림통에 유기적으로 연결되어 있다. 바이올린이 내는 아름다운 소리는 활과 현이 만드는 마찰음에서 비롯되는데 이 때 잡음도 함께 발생한다. 바이올린 음색에서 인공적으로 잡음을 제거하면 더 아름다운 소리를 낼 듯하지만 그렇지 않다고 한다. 역설적이게도 인간이 바이올린의 소리를 더 아름답게 느낄 때는 잡음이 있는 그대로의 소리였을 때라고 한다.

바이올린처럼 가족도 적당한 거리를 두고 아무리 조화롭게 살아도 반드시 잡음이 존재한다. 하지만 오히려 그 잡음 때문에 가족의 삶이 더 아름다워지는 삶의 역설을 깨닫는다면 오늘의 문제가 반드시 절망적이지만은 않다는 것으로 볼 수 있을 것이다.

문제로 인해 삶이 더 아름다워질 수 있다는 것을 알려면 유기적인 가족 관계를 잘 유지해야 한다. '아' 하면 '어' 하는 부창부수가 가족 간에 이뤄질 때 삶은 더 아름다워진다.

"You Only Live Once!"

3장

/

한 번뿐인 가족,
욜로 패밀리!

생각대로 되지 않는다는 것은 멋지네요.
생각지도 못했던 일이 일어나는 걸요.
－『빨강머리 앤』중에서

YOLO

1

지금부터 진짜 부부로 살아라

나는 똑똑한 것이 아니라 문제를 더 오래 연구할 뿐이다.
– 알버트 아인슈타인

부부는 늘 우선순위

모든 가족은 부부가 중심이 되어야 한다. 부모나 자녀와의 관계도 중요하지만 부부 관계보다 앞설 수는 없다. 문제없는 사람이 없듯이 문제없는 가족도 없다. 가족 간에는 늘 크고 작은 갈등이 발생하는데 이때 부부가 중심이 되어 문제를 해결해가야 한다. 부부가 문제 해결 능력을 갖추고 부모와 자녀는 물론 다양한 위기 상황에 대처해야 한다.

오늘날 많은 부부가 성격 차이라는 이유로 너무 쉽게 이혼을 한다. 어떤 이혼은 분명 결혼보다 나아 보이지만 이런 예는 매우 드물다고 본다. 그렇다고 이혼한 분들에게 돌을 던지고 싶은 마음은 조금도 없다. 나 역시 이혼 가정에서 자라면서 부모님을 봐왔던 터라 이혼한 부부는 그들만의 아픈 사연이 있다는 것을 안다.

갈등을 겪는 많은 부부가 이혼만 하면 자유로워질 것이라 믿는다. 당장 눈앞의 갈등만 피하면 괜찮을 것이라 생각한다.

하지만 인간의 뇌는 시간이 흐를수록 힘든 기억은 삭제하고 좋은 기억만 남긴다. 그렇기 때문에 옛 연인을 그리워하며 SNS를 기웃거리는 것이다. 당장은 힘들지만 나중에 보면 그리워질 수도 있다. 하지만 이미 버스는 떠나버렸다.

반대로 나쁜 기억에 사로잡혀 갇히기도 하는데 이런 경우는 좋은 기억만 남아 후회하는 것보다 더 나쁘다. 자신의 괴로움을 상대는 알지도 못하고 혼자만 고통스럽기 때문이다. 좋은 기억이든 나쁜 기억이든 이혼을 한다고 해서 결코 자유로워질 수 있는 것이 아니라는 것이다.

불교에서 유래한 이야기 중 하나가 부부가 전생에 원수였다는 것이다. 전생에 서로 미워하고 저주하며 쌓인 업보를 현생에서 부부로 살면서 풀어내라고 부부로 환생한 것이란다. 믿을지 말지는 각자의 몫이고 부부의 화목이 얼마나 힘든지에 대한 좋은 비유라고 본다.

옷깃만 스쳐도 인연이라는 말도 불교에서 유래한 것이다. 모르는 사람끼리 옷깃만 스쳐도 1겁 이상의 인연이 된다. '겁'은 산스크리트어 '칼파(kalpa)'에서 나온 시간의 단위이다. 한 변의 길이가 15km인 정육면체 안에 겨자씨를 가득 담아두고 100년에 하나씩 빼내어 상자가 텅텅 비게 되는 시간이다. 수학적으로 계산은 가능한 시간이지만 100년도 채 못사는 인간에게 영원에 가까운 시간일 것이다. 모르는 사람끼리의 인연도 이와 같을진대 하물며 부부의 인연은 얼마나 질긴 것인지 상상이 되질 않는다.

진짜 부부가 되려면

결혼만 한다고 해서 저절로 부부가 되는 것이 아니다. 진짜 부부로 다시 태어나기 위한 처절한 과정을 겪어야 한다. 이 과정에서 부부의 육체적 관계가 좋은 수단이 될 수 있다. 남녀 간의 육체적인 관계는 보통 2년 정도의 유통기한을 가진다고 한다. 이 기간 동안 몸이 하나가 되면서 마음도 하나가 되어야 한다.

결혼 전에 충분히 서로를 탐색했을지라도 결혼생활에 들어서면 예상치 못한 갈등이 드러난다. 자유롭게 연애를 해본 사람이라 할지라도 마찬가지이다. 모두에게 결혼은 어렵다.

나는 혼전순결주의자는 아니지만 그렇다고 자유연애를 지지하지도 않는다. 남녀 간의 육체적 결합은 세상 무엇에도 비교할 수 없는 *끈끈한* 정서적 결합을 형성한다.

이때 파트너가 많을수록 결합력이 약해진다. 뇌는 기존 파트너와의 정서적 결합이 주는 보상보다 새로운 파트너와의 육체적 짜릿함이 주는 보상을 더 선호하도록 반응한다. 그렇기 때문에 파트너가 너무 많은 것은 결코 좋은 일이 아니다. 특히 남성의 경우 여성에 비해 정서적인 능력이 약한데 파트너가 많았다면 현재의 아내와 정서적인 결합이 일어나기 힘들어진다.

자유롭게 연애하면서 이성에 대해 잘 아는 사람이 결혼하여 잘사는 경우가 더 많다고 하는데 어떤 조사 기관의 통계인지 모르겠다. 어쩌면 인간의 상상력에서 나온 산물일 수 있다. 내 주변의 사람들만 보더라도 그렇다. 결혼 후 개과천선하는 경우는 정말 드물다.

부부로 살기로 결심하고 나면 이전에는 문제가 되지 않았던 것들도 문제가 될 수 있다. 이런 부부 간의 갈등은 이성적인 생각을 통해 서로 타협점을 찾아야 한다. 하지만 갈등 때문에 감정의 골이 깊어지면 이성적으로 생각할 수 없게 된다.

이때 감정의 골을 없애는 데 매우 좋은 역할을 하는 것이 부부 관계이다. 앞서 언급했듯이 정서적인 결합을 만드는 좋은 수단이 되는 것이다. 물론 부부 관계가 만사형통의 비결은 절대 아니다. 서로 하나 되기 위해 노력하는 태도가 뒷받침되어야 한다.

우리 부부도 신혼 시절에 많은 갈등을 이렇게 해결했다. 만약 아내의 불꽃이 꺼져서 나와의 관계를 거부했다면 갈등의 골은 더 깊어지고 화해할 기회를 잡지 못했을 수도 있다.

진짜 부부는 결혼과 동시에 서로의 지갑을 오픈해야 한다. 재정을 통합할 수도 있고 각자 관리할 수도 있지만 부부끼리는 재정의 흐름을 공유해야 한다.

우리 가족은 아내가 재정을 관리한다. 나도 잘하는 편이지만 아내가 훨씬 잘하기 때문이다. 서로의 동의가 필요한 지출 사안이라면 미리 의견을 조율하여 지출을 결정한다. 대부분 양가 어른들에 대한 것이거나 서로의 취미에 대한 지출이다.

생각보다 많은 부부가 재정을 공유하지 않고 살아간다. 대부분 무언가를 숨기고 싶거나 배우자 몰래 무언가를 계획하기 때문이다. 이렇게 하는 것은 부부 간의 신뢰를 깨는 지름길이다. 시간만 보낼 뿐 둘 사이의 신뢰가 쌓이지 않기 때문에 부부 간의 불꽃이 꺼지면 큰 위기를 맞을 수 있다.

남편 D는 아내에게 연봉을 공개하지 않는다. 아내는 필요한 생활비를 남편에게 받아서 사용하고 남편 역시 성실하게 의무를 다하지만 내가 보기엔 이 부부에게 뭔가 문제가 있어 보인다. 시간이 지날수록 신뢰가 쌓이기는커녕 의구심만 커진다.

물론 남편에게 생활비를 받아서 쓰면서도 매우 행복하게 잘사는 부부도 있다. 남편 L과 아내 K는 남편의 적극적인 구애로 결혼에 골인했다. 둘은 함께 사업을 하며 금슬이 좋은 부부였다. 그렇게 쌓인 신뢰로 인해 아내 K는 전체 재정의 흐름을 몰라도 아무 불만이 없었다.

남편 K는 늘 재정의 압박에 시달리는데 이런 스트레스를 아내에게 전가 시키고 싶지 않았다. 아내 L 역시 이런 남편의 마음을 헤아리고 있기 때문에 남편에게 감사한 마음으로 살고 있다. 내 생각과는 다른 부부의 모습이지만 남편의 배려와 아내의 이해심이 참 감동스러웠다. 그럼에도 부부 간에 재정의 흐름을 공유하는 것이 실보다 득이 많다고 생각한다.

서로 간에 신뢰가 형성된 부부가 진짜 부부이다. 신뢰로 결합된 진짜 부부의 삶이 시작되면 부부 관계도 다른 국면을 맞이하게 되는 듯하다. 아직 권태기를 경험하지 못해 속단할 수는 없지만 신혼 때의 열정과는 다른 부부 관계를 경험했기 때문이다.

신혼 때보다 훨씬 큰 만족감을 느꼈다. 서로를 신뢰하며 문제를 함께 해결해가면서 더욱 하나 된 마음으로 사는 부부에게 주어진 작은 보너스가 아닐까 싶다. 아내를 두고도 다른 여인과 기쁨을 찾는 지인들을 보면서 오히려 안타까운 마음이 들었다. 물론 그들은 아내밖에 모르는 나를 안타까워한다.

진짜 부부로 살아본 적도 없으면서 부부의 삶이 재미없다고 생각하는 것은 아닌가? 이제 막 헤엄치는 법을 배워 수영의 재미를 안다고 해서 물에서 누리는 기쁨을 다 아는 것은 아니다. 진짜 부부가 되어 깊은 물 속도 들여다볼 수 있고 다양한 수상 스포츠도 즐겨야 비로소 물에서 누리는 기쁨을 안다고 할 수 있을 것이다.

둘이 하나 되어 서로 신뢰하는 부부의 삶이 진짜 부부의 삶이다. 그리고 거기서부터 진짜 가족의 삶이 시작된다.

나와 내 가족에 대해 고민하라

둘째도 그와 같으니 네 이웃을 네 자신 같이 사랑하라.
– 마태복음 22장 39절

나를 알아야 한다

오직 인간만이 자신의 기원을 찾으려 한다. 누군가에 의해 만들어졌을
수도 있고 저절로 생겨난 우연의 산물일 수도 있다. 그 무엇이든 인간은
자신의 기원에 대해 알고 싶어 하고 결국 선택한다. 그 선택을 통해 자신
이 누구인지 조금씩 알아간다.

"너 자신을 알라."

소크라테스가 이 질문을 젊은이들에게 던진 것은 지식에 대한 것이 아
니었다. 자신의 무지, 즉 자신이 무엇을 모르고 있는지 알라는 것이었다.
아는 것도 중요하지만 모르는 것이 무엇인지 알아야 한다. 공부를 잘하
는 학생들은 무엇을 모르고 있는지에 초점을 맞춘다. 그래서 같은 실수

를 반복하지 않고 좋은 성적에 이를 수 있는 것이다.

이와 마찬가지로 자신이 무엇을 모르고 있는지 알면 삶을 살면서 같은 실수를 반복하지 않을 수 있고 삶에 대한 만족도를 높일 수 있을 것이다.

나를 가장 잘 알고 있는 사람은 '나'이지만 아이러니하게도 가장 모르는 사람도 '나'이다. 내 안에는 나조차도 모르는 수많은 새로운 나가 존재한다. 이런 나를 제대로 많이 발견할수록 내가 누구인지 조금 더 명확해진다. 그렇기 때문에 살아내는 것이 조금은 더 수월해진다.

나를 알아가는 과정에서 독서는 필수적이다. 제한된 수명을 갖고 태어난 인간은 모든 것을 다 경험할 수는 없다. 이런 제한된 시간을 극복하는 가장 좋은 방법이 독서이다. 독서가 간접 경험이기 때문에 직접 경험보다 못한 것으로 생각하면 큰 오산이다. '이미지 트레이닝'이라 불리는 훈련은 운동선수들이 생각만으로 하는 훈련을 말한다. 눈을 감고 실제 상황을 상상하며 하는 지극히 간접적인 훈련이지만 실제 경기에서 놀라운 효과를 발휘한다. 심지어 다이어트하는 사람도 눈을 감고 운동하는 것을 상상만 해도 실제 운동 효과가 나타난다고 한다.

독서에도 급이 있다. 내용만 읽는 것에서 만족하지 말고 한 걸음 더 나아가 생각하는 독서가 되어야 한다. 기독교인들이 성경을 읽고 그 내용을 생각하면서 어떻게 삶에 적용할까를 고민하는 방법이 있는데, 이를 독서에 그대로 적용할 수 있다. 책의 내용을 생각하면서 삶에 적용하려고 하는 과정에서 새로운 나를 만날 가능성이 높아진다.

여행도 아주 좋은 방법이다. 많은 작가들이 새로운 영감을 얻기 위해 여행을 선택한다. 수많은 여행 중에서도 걷기 여행이 가장 좋다. 걸을 때 쓸데없는 생각들이 정리되고 단순한 본질을 명확하게 볼 수 있게 되기 때문이다. 어떤 여행이든지 상관없다. 일상과 다른 환경 속에서 변화된 삶의 패턴으로 살면 뇌가 자극을 받아 이전과 다른 생각을 할 수 있도록 돕는다.

　아인슈타인의 뇌를 연구한 학자들은 예상과 다른 결과에 매우 실망했다. 아인슈타인의 뇌가 평범한 사람들의 뇌와 무언가 다른 구석이 있을 거라 생각했는데 그렇지 않았기 때문이다.

　아인슈타인의 천재성에 대한 설명 중 걷기에 대한 내용이 있다. 아인슈타인은 풀리지 않는 문제가 있으면 풀릴 때까지 책상에 앉아 있는 스타일이 아니었다. 풀리지 않은 문제를 만나면 어느 정도 연구하다 산책을 나갔다. 산책으로는 칸트가 더 유명할 수도 있겠지만 아인슈타인의 산책은 조금 특별했다. 정장을 입고 양말을 신지 않은 채 슬리퍼를 신고 거리를 활보했기 때문이다. 그런데 이런 기행이 뇌에 수많은 자극을 준다는 연구결과가 나왔다. 평범하게 걷지 말고 자신만의 독특한 방법으로 걸어도 좋다고 본다.

　마지막으로 가장 좋은 방법 중 하나가 누군가와의 친밀한 관계이다. 인간은 스스로 존재할 수도 없고 출생 이후에도 누군가와의 관계 안에서 살아간다. 그 안에서 행복을 경험하고 불행으로 고통스러워한다.

사람이 북적인다고 해결되는 것이 아니다. 단 한 사람이라도 깊은 유대감을 형성하여 서로 주고받을 수 있는 관계여야 한다. 그 안에서 안정감을 느끼고 진짜 자신이 누구인지를 발견해갈 수 있게 된다.

나는 가족으로 살면서, 즉 진짜 부부로 살기 시작하고 진짜 가족으로 살기 시작하면서 나 자신에 대해 확신이 서기 시작했다. 만약 이혼 가정이 아닌 건강한 관계를 형성한 가족에서 성장했다면 조금 더 빨리 나 자신을 찾았을 수도 있지만 상관없다.

나 자신에 대해 아는 것은 사실 나 자신이 무엇인지 스스로 선택하는 것이라 할 수 있다. 예를 들면 내가 누군가로부터 만들어졌는지, 저절로 생겨났는지 자기가 선택함으로써 자신에 대해 알 수 있게 된다.

누군가에 의해 목적을 가지고 만들어졌다면 자기 삶의 목적을 그 안에서 찾을 것이다. 저절로 생겼다고 생각한다면 미래를 걱정하지 않고 그 자연스런 흐름에 자신을 맡길 수도 있다.

사실 자신에 대해 안다는 것은 자신이 무엇을 원하는지를 아는 것과도 의미가 통한다. 이혼 가정에서 성장한 나는 결혼과 가족에 대해 막연히 두려웠다. 하지만 나는 나고 아버지는 아버지라는 단순한 사실을 깨닫고 마음의 변화를 맞이하였다.

내 삶이 유전적인 유사성으로 인해 아버지와 같아질 수도 있다는 막연한 두려움을 극복하고 스스로의 삶을 선택할 수 있게 되었다. 내가 바르다고 생각한 방향으로 선택하고 유지하며 살다 보면 분명 좋은 결과가 있을 거라는 자신감이 생겼다. 스스로를 믿기 시작하니까 내가 하는 선택에도 주저함이 줄어들었고 비로소 내가 누구인지 더 잘 알 것 같았다.

원하는 것을 알아야 한다

"너 자신을 알라." 이 말은 소크라테스가 처음 한 말이 아니다. 지금은 유적이 된 고대 그리스의 델포이 신전 현관 기둥에 탈레스라는 철학자가 새긴 글귀라고 한다.

고대 그리스인들은 무엇을 해야 할지 몰라 신의 뜻을 묻기 위해 델포이 신전을 찾았다. 전쟁이나 후계자 선정 같은 큰일은 물론 결혼이나 사업 같은 작은 일조차 신의 뜻을 물었다. 지금은 신화 속에 등장하는 상상의 신이지만 그때는 결코 상상의 신이 아니었다.

과학이 발달한 이 시대라고 다를까? 삶은 여전히 고달프고 불안한 미래는 어떤 선택을 할지 망설이도록 만든다. 이때 가장 좋은 방법이 누군가가 내 삶을 대신 결정해주는 것이다. 이왕이면 인간을 초월하는 신이라면 더욱 좋을 것이다. 자신에게 주어진 삶조차 스스로 살 수 없는 사람들은 그때나 지금이나 델포이의 무녀를 찾아다닌다.

그런 사람들에게 '너 자신을 알라.'라고 외치는 것이다. 자신을 아는 것은 자신이 무엇을 원하는지를 안다는 뜻이다. 그것이 별 의미 없는 일이거나 세속적인 욕망일 수도 있다. 하지만 스스로 누구인지 묻는 인간은 세속적인 욕망만으로는 진정한 만족을 얻을 수 없다. 즉, 지금 당장 자신이 원하는 것이 진짜 원하는 것이 아닐 수도 있다는 것이다.

이때 자신이 원하는 것이 진짜인지 가짜인지를 구별하는 방법은 자신의 죽음을 상상해보는 것이다. 자신이 죽고 이 세상에 없을 때 다른 사람들이 나를 어떻게 기억하고 평가할지 생각해보는 것이다. 그럼에도 자신이 여전히 그것을 원한다면 그것은 진짜 원하는 것이다.

이 원리를 그대로 가족에게 적용해볼 수 있다. 나는 누구이고 어떤 가족이기를 원하는가? 다른 가족들은 우리 가족이 이 세상에 없을 때 우리 가족을 어떻게 평가할까?

내가 누구이고 무엇을 원하는지 알면 삶을 주도적으로 살아갈 수 있다. 흐름을 바꾸면서 살 수도 있고 흐름에 맡기면서 살 수도 있다. 그 모든 선택과 그로 인한 결과를 자신의 삶으로 받아들인다. 자신에게 주어진 한 번뿐인 삶을 후회 없이 살기 위해 방향을 점검하고 최선을 다할 수 있게 된다.

한 번뿐인 가족이다. 물론 뜻하지 않은 사건 사고로 또 다른 가족이 만들어질 수도 있지만 그것은 그때 가서 생각하면 된다. '지금 이곳에서' 함께 사는 '이' 가족이 내 평생에 단 한 번뿐이라는 마음으로 가족을 대해야 하고 어떤 가족으로 살아갈지도 생각해보아야 한다.

갑각류가 껍질을 벗지 않으면 자기 껍질에 갇혀 죽을 수밖에 없다. 이처럼 변화에 게으른 가족 역시 고여서 썩어갈 수밖에 없다. 서서히 죽어가는 것이다. 한 번뿐인 인생 후회 없는 가족으로 살아가기 위해 스스로에게 질문을 던져보면 좋겠다.

'나는 누구인가? 어떤 가족으로 살고 싶은가? 이웃에게 어떻게 기억되고 싶은가?'

가족으로서의 삶을 성공하라

만일 나에게 나무를 베기 위해 한 시간만 주어진다면
우선 나는 도끼를 가는 데 45분을 쓸 것이다.
– 아브라함 링컨

독신도 결혼만큼 좋다

"독신 생활은 내가 진정으로 사랑하는 일을 할 기회를 주었고 만약 결
혼했다면 불가능했을지도 모를 우정을 개발할 기회도 주었다. 또 독신은
내게 대부분의 기혼자들은 기회조차 갖지 못하는 다채로운 여가 활동을
추구할 수 있는 자유와 독립의 호사를 안겨주었다."

1997년 출간된 어니 젤린스키의 『결혼하지 않는 즐거움』에 실린 내용
이다. 굳이 20년도 더 지난 이 책을 인용하는 데는 이유가 있다. 최근 젊
은이들이 결혼을 기피하는 것은 독신의 가치를 알고 선택하는 것 같아
보이지 않기 때문이다.

독신의 가치를 알고 스스로 선택한 것이라면 결혼과는 다른 행복을 누리며 살 수 있을 것이다. 결혼은 절대 필수적인 것은 아니다.

독신으로 산다고 해서 가족을 이루지 못하란 법도 없다. 최근 독신인 젊은 사람들이 삼삼오오 모여 가족 공동체를 형성하기도 한다. 빌라를 통째로 빌려 각자의 수입에 따라 생활비를 차등적으로 감당하고 살면서 맞닥뜨리는 어려움은 공동으로 대응한다. 굳이 독신을 고집하진 않지만 결혼이나 혈연 외에도 얼마든지 가족으로 살아갈 수 있음을 보여주는 예라고 할 수 있다.

사실 독신의 가치뿐 아니라 결혼도 미리 가치를 알고 하는 편이 좋다. 대부분은 다들 결혼을 하니까 자신도 해야 한다는 생각에 결혼한다. 사실은 나와 아내도 그런 면이 없지 않았다. 그렇지만 결혼 이후에라도 가치를 알아가기 위해 부단한 노력을 멈추지 않았다. 모든 것을 알고 결혼한 것은 아니었다.

결혼의 유익만 있는 것은 아니다. 유익을 얻기 위해 제한해야 할 자유도 분명 존재한다. 배우자가 있는 사람은 다른 이성과의 교제를 절제해야 한다. 서로 하나가 되기 위해 많은 섬김과 양보는 물론 때론 일방적인 희생도 필요할 때가 있다.

특히 아기라도 생기면 적어도 돌이 되기 전까지는 자유를 완전히 빼앗긴 채 살아야 한다. 갓난아이를 돌보는 엄마의 자유는 노예만도 못하다.

적어도 노예는 먹고 싸는 자유가 주어지는데 갓난아이를 둔 엄마는 이마저도 여의치 않다. 밥이 입으로 들어가는지 코로 들어가는지도 모른다. 문을 닫고 조용히 자신에게 집중해야 하지만 화장실 문을 여닫으며 '까꿍'을 시전해야 한다. 요즘 말로 참 웃프다.

아이가 크기만을 기다리지만 폭풍 같은 청소년기를 거쳐 입시와 취직 그리고 결혼을 함께하는 부모의 마음은 한시도 바람 잘 날이 없다.

그래도 결혼이 더 좋다

2019년의 대한민국 젊은이들은 재정적인 이유로 결혼을 기피한다. 결혼에 드는 비용이 손해라고 생각하는 것이다. 그렇다고 해서 젊은이들이 너무 금전적으로만 따진다고 나무랄 수만도 없다.

서울의 전세 비용은 일반 직장인이 혼자 감당할 수 있는 금액을 넘어선 지 오래다. 아이 1명을 키우는 데 1억이 든다는 말도 있다. 재정적인 이유로 결혼을 기피하는 마음이 십분 이해가 된다. 하지만 진짜 손해가 무엇인지 한 번 더 생각할 필요는 있어 보인다.

돈이 없어서 결혼하지 못하는 것이 아니라 돈이 없어서 결혼하지 못한다는 생각 때문에 결혼하지 못한다. 말장난처럼 들릴 수도 있지만 사실이다. 돈이 많을수록 삶이 더 편한 것은 맞다. 하지만 세상에는 돈보다 더 귀한 가치가 있다.

당장은 돈이 더 중요해 보이지만 시간이 지나면 아무것도 아닐 수 있기 때문이다. 내가 아는 어느 60대 가장은 돈보다 도전하는 마음이 더 중요하다며 자신의 친구 이야기를 했다.

결혼을 하려면 집이라도 한 채 있어야 한다는 마음으로 열심히 적금을 부어 집을 마련하고 보니 40대 후반이 되어버렸다. 그렇다고 아무나와 결혼할 수 없으니 이 사람 저 사람 고르다 그만 결혼을 하지 못한 채 혼자 살게 되었다는 것이다.

사실 가족으로 살면서 재정이 가장 큰 문제이기는 하다. 대부분의 사람들이 아마도 돈만 있으면 부족할 것이 없다고 생각할 것이다. 하지만 돈이 있으면 돈이 없을 때는 생각하지 못했던 문제가 발생한다.

돈에는 마음이 담겨야 한다. 마음이 담기지 않은 돈은 금세 마음을 차지하고 마음의 주인 행세를 한다. 그렇게 우리 마음의 주인이 되어 무엇이 우선순위인지 혼란스럽게 만든다. 마음이 담긴 돈은 액수의 크기를 따지지 않는다. 재정적으로 어렵더라도 마음이 담긴 돈이라면 얼마든지 결혼에 골인할 수 있다.

혹시 재정적인 문제 때문에 결혼이 망설여진다면 걱정일랑 접어두고 함께할 배우자를 찾아보길 바란다. 넘어야 할 산은 있겠지만 짚신도 짝이 있는 법이다.

사실 금전적으로 따져도 결혼하여 가족으로 사는 것은 결코 손해 보는 장사가 아니다. 관계를 형성하기 위해 지출되는 돈의 가치보다 관계를 통해 얻을 수 있는 유무형적인 가치가 훨씬 크다.

일단 부부가 되면 살림이 합쳐지면서 비용이 적게 든다. 기초 생활비용이 대폭 줄어들 뿐 아니라 일을 나누어 할 수 있어서 더 효율적이기도 하다. 함께하기 때문에 즐거운 것은 덤이다.

부부가 하나 되는 과정은 결코 쉽지만은 않지만 그렇게 될 수만 있다면 그 안에서 얻는 안정감을 통해 건강하게 성공하는 삶에 한걸음 가까워질 수 있다. 그뿐인가? 남편의 위로와 아내의 공감은 세상 그 어느 의사의 처방보다 몸과 마음을 치유하는 보약이다.

아이를 키우는 것도 마찬가지이다. 큰 비용이 들기는 하지만 비용보다 중요한 생명의 가치가 있다. 자녀를 양육하고 교육하는 수고와 고생은 이루 말할 수 없다. 하지만 나로 인해 세워지는 한 생명에 대한 기쁨과 보람은 수고와 고생에 비할 것이 못 된다.

그래도 현실은 몇 억씩 든다고? 그 통계는 누가 낸 것일까? 있으면 있는 대로 없으면 없는 대로 키울 수 있는 부모의 마음이 더 중요하다고 본다. 하나라도 더 해주고 싶은 것이 부모 마음이지만 너무 거기에 얽매이는 것은 좋지 않다. 부모 스스로의 삶을 엉망으로 만들고 자칫 자녀들도 그렇게 만들 수 있다.

우리 부부에게는 4명의 자녀가 있다. 가끔 재정적으로 여유 있는 친구 집에 놀러갔다 오면 너무 부러워한다. 침대도 장난감도 있다. 무엇보다 자기 방이 있어서 부럽다는 것이다. 6명의 가족이 22평짜리 좁은 아파트 에서 옹기종기 모여 살면 확실히 불편하다. 아이들이 거실에서 놀고 있 을 때는 오가는 것도 거추장스럽다. 그런 모습을 지켜보고 있으면 가장 으로서 아내와 자녀들에게 미안하다.

하지만 미안한 마음은 미안한 대로 두고 주어진 현실에 감사할 수도 있어야 한다. 자녀들의 부러움 어린 말이 부모의 마음에 상처가 되는 것 은 전적으로 부모 스스로 마음을 다스리지 못하기 때문에 발생한다.

가족으로 사는 것은 여러 면에서 남는 장사이다. 당장은 손해가 클지 모르지만 미래를 위해 진정으로 가치 있는 투자인 가족을 선택할 수 있 길 바란다. 무딘 도끼를 예리하게 가는 시간을 아까워하는 나무꾼은 없 다. 도끼가 예리해야 나무를 더 많이 벨 수 있다.

건강한 가족을 위한 노력은 도끼를 가는 노력과 같은 것이다. 가족이 건강하면 모든 면에서 더 나은 성취를 이룰 수 있다. 이는 부부가 되고 부모가 되어 가족으로 사는 삶을 성공해야 하는 분명한 이유라 할 수 있 다.

독박은 이제 그만!
함께하라

육아를 분담하지 못할 이유는 없다.
- H. R. 쉐퍼

세상에서 가장 억울한 독박

독박이라는 단어는 고스톱 게임에서 유래되었다. 우리나라 성인들이 가장 즐겨 하는 놀이 중 하나가 고스톱이다. 게임 규칙은 조금씩 다르지만 점수를 먼저 얻은 사람이 게임의 지속 여부를 결정할 수 있는 것은 공통적이다.

점수를 먼저 얻은 사람이 '고'를 3번 연속으로 부르면 점수가 두 배가 된다. 하지만 자기 점수에만 정신이 팔린 사이 다른 사람이 점수를 얻으면 게임은 끝이 난다. 이때 '고'를 외치며 게임을 계속 진행한 사람이 '독박'을 쓴다.

확실하게 이길 기회가 있었는데도 자기 점수를 다 잃고 내 게임머니는 물론 다른 사람의 것까지 물어야 하니 억울해도 이렇게 억울할 때가 없다. 그런 면에서 독박 육아나 독박 가사는 아내들의 억울함이 고스란히 담겨 있는 말이다.

많은 사람이 행복한 결혼생활을 꿈꾸며 결혼한다. 그리고 실제로 꽤 행복하다. 하지만 본격적인 가사와 육아가 시작되면 이야기가 달라진다. 가사나 육아는 아무래도 남편보다 아내의 몫이 더 크다. 깨끗한 환경에서 건강한 삶을 영위하기 위해 아내가 해야 할 일이 참 많다. 남편도 돕기는 하지만 늘 2% 부족하다. 주도적이지 못하기 때문이다.

한 주류 광고에서 아내가 남편에게 도움을 요청한다. 청소기도 '돌리고' 빨래도 '개주라고' 말이다. 그러자 남편은 청소기 손잡이를 잡고 빙빙 돌리고 빨래는 애완견에게 주었다. 그런데 술을 사오라는 아내의 말에는 빛과 같은 속도로 반응하며 제대로 일을 수행했다.

피식 웃음이 나왔지만 어쩌면 나를 포함한 남편들이 아내의 요청에 이렇게 반응하고 있는 것은 아닌지 새삼 돌아보게 되었다.

전업주부의 업무량이 사무직원보다 많다는 것은 익히 알려진 사실이다. 그렇기 때문에 아내가 전업주부라 할지라도 남편은 아내의 가사를 도와야 한다. 광고에 나오는 남자처럼 겉으로만 돕는 척하지 말고 조금 더 주도적으로 동참해야 할 필요가 있다.

가족 구성원이 부부뿐이라면 아내 혼자 충분히 감당할 수도 있겠지만 육아가 시작되면 이야기가 달라진다. 임신과 출산은 오롯이 아내의 몫이다. 그렇다고 남편이 아무 일도 할 수 없다거나 하지 않아도 된다는 말은 아니다. 아내의 태교를 도울 수도 있고 임신으로 흐트러진 아내의 몸과 마음을 토닥일 수도 있다. 하지만 처음부터 그 일을 능숙하게 할 수 있는 남편은 매우 드물다.

문제가 남편에게만 있는 것은 아니다. 아내 역시 처음 경험하는 임신과 출산이기 때문에 아무리 잘 준비해도 부족할 수밖에 없다. 때론 정신이 반쯤 나간 채로 있을 만큼 정신이 없을 때도 많다. 자기가 해야 할 일도 제대로 정리가 안 되고 남편에게 무엇을 부탁해야 할지도 모른다.

학교도 부모도 가르쳐주지 않은 이 낯설고 새로운 삶을 오롯이 부부끼리 감당해야 한다. 부부가 하나 되는 과정도 쉽지 않은데 임신과 출산까지 겹치면 더 정신이 없다. 그래도 아내는 자신이 겪기 때문에 조금 더 적극적이지만 남편은 그럴 수 없다. 아무리 다정한 남편이라 할지라도 아내의 상황을 다 짐작할 수가 없다.

남편들은 아내의 출산이 남들도 다하는 출산이라고 생각한다. 맞는 말이긴 하지만 그 일을 처음 겪는 아내는 몸과 마음이 참 힘들다. 4명이나 자녀를 낳고도 뒤틀어진 몸을 보면서 속상해하는 아내를 보니 첫 출산후 겪는 아내들의 속상함은 남편으로서는 정말 상상하기 힘들 듯하다. 그렇다고 남편을 나무랄 수도 없다. 남편 역시 처음 아빠가 되기 때문에 부담스럽고 약간은 두렵기까지 하기 때문이다. 남편과 아내 모두 아빠와 엄마로서 격려와 지지가 필요한데 처음부터 잘할 수 있는 사람이 없고 이 때문에 위기가 찾아온다.

함께해야 독박을 멈출 수 있다

출산 후 본격적인 육아가 시작되어도 마찬가지이다. 힘도 세고 덩치도 큰 남편에게도 꼬물거리는 아기는 그저 두려운 존재일 뿐이다. 혹시라도 잘못 안았다가 어디 다치기라도 할까 싶어 가볍게 안아주는 것 자체를 꺼리는 경우가 많다. 분유를 먹이거나 목욕을 시키는 일은 엄두도 못 낸다. 남편이 퇴근해도 별 도움이 안 되는 것이다.

아내는 낮 동안 육아의 피로를 퇴근 후 남편의 도움을 통해 풀어야 하는데 그럴 수가 없는 것이다. 더구나 아직 100일 미만의 아이라면 2시간마다 한 번씩 일어나 밤중 수유를 해야 한다. 가장 힘든 시기이다. 아기는 울고, 눈은 감기고 그렇게 졸다가 공기와 함께 우유를 먹은 아기가 영아 산통이라도 하면 그날 잠은 다 잤다고 봐야 한다. 이렇게 밤낮을 정신없이 보낸 아내의 몸과 정신은 만신창이가 된다.

알면서도 해결할 방법이 없어 보이는 것이 독박 육아이다. 독박 육아가 이어지고 피곤이 쌓이면 신경질적으로 변하거나 우울함을 느끼게 된다. 아내가 힘들어하는 모습을 보고 조금 더 가사 일을 주도적으로 돕지만 어째 아내의 눈꼬리만 더 올라간다.

아내의 심정이 이해가 가지 않는 것은 아니다. 청소 후에도 여기저기 먼지가 뒹굴고 설거지를 했다는 그릇에는 기름기가 남아 있다. 빨래는 팡팡 털어 말려야 하는데 그냥 말려서 주름투성이다. 남편의 구겨진 옷은 곧 아내의 자존심이 구겨지는 일이기 때문에 다림질에 더 신경을 쓰느라 시간이 허비된다. 그러니 남편을 쫓아다니며 잔소리를 할 수밖에 없다.

흔히 도어키퍼라 부르는 아내의 이런 태도는 남편의 주도성을 해친다. 남편은 점점 더 소극적으로 가사를 돕고 나중에는 이것마저 하지 않을 수 있다.

처음 하는 일인데 시작부터 잘할 수는 없다. 또 저마다 일 처리 방식도 다르다. 그런 남편에게 아내가 일일이 잔소리를 하면 아내의 독박 가사만 더 연장될 뿐이라는 사실을 명심해야 한다. 남자는 뭐든 잘한다고 부추겨줘야 정말 잘하게 된다는 점도 잊지 말자.

독박에서 벗어나는 유일한 방법은 엄마이자 아내가 스스로 자신만의 시간을 만드는 것이다. 시간을 만드는 가장 좋은 방법은 가장 가까운 배우자에게 도움을 요청하고 있는 그대로의 도움을 받는 것이다. 다시 말하지만 남편은 초보자이다. 가사 도우미를 고용한 것이 아님을 알고 남편이 배우고 익힐 때까지 기다릴 수 있어야 한다. 필요하다면 아내가 일일이 가르치는 노력도 빼먹지 말아야 한다.

남편의 주도적인 도움을 위해 아내는 기다리고 격려해야 한다. 먼지가 굴러다니고 그릇에 기름기가 느껴져도 위생에 별문제가 없으면 넘어갈 수 있어야 한다. 어차피 먼지는 다시 쌓이고 그릇에는 음식이 담길 것이기 때문이다.

그렇게 시간을 얻었다면 가사와 육아의 공간을 떠나 스스로에게 돈을 쓸 줄도 알아야 한다. 아직 덜어내야 할 지방이 남아 있어도 옷 한 벌쯤 살 수 있는 마음의 여유가 필요하다. 커피 한 잔 마시면서 천천히 주변을 관조하는 것도 좋다.

이마저도 할 수 없는 환경이라면 반찬이라도 사 먹어라. 맛있고 건강한 반찬을 만들어 파는 곳이 반드시 있다. 조금 값이 나가지만 어쩌다 한 번인데 돈을 써서 시간을 버는 것이 훨씬 값진 것이다. 스스로를 위해 사용한 돈으로 감정을 다스리면 아내 스스로에게 가장 좋고 이로 인해 좋은 아내와 엄마의 마음을 유지할 힘을 얻을 수도 있기 때문이다.

남편과 가사나 육아를 완벽하게 배분할 수는 없다. 이 세상에 그런 나라는 단 한 곳도 없다. 하지만 아내가 가사와 육아를 80% 이상 감당하는 것은 일종의 짜고 치는 고스톱 같다. 반 강제적으로 강요하며 서로 눈치를 맞추는 일종의 사기 도박판처럼 느껴진다.

사기도박의 독박은 경찰에 신고라도 할 수 있지만 아내의 독박은 신고할 곳도 없다. 이 일을 위해 사회적 의식이 변화되어야 하고 함께 합의점을 찾아가야 한다.

저녁 있는 삶이 보장되고 육아가 보장받는 사회가 되기 위해 법을 개정하는 것보다 국민들의 의식이 먼저 그러한 삶의 가치를 발견하고 적극적으로 살아내려는 의지로 바뀌어야 한다.

아내의 독박은 남편과 아내가 함께 멈춰야 한다. 남편도 아내도 서로 하기 나름이다. 서로를 탓하며 더 힘들어질 것인지 함께 합의점을 찾아 더 행복해질 것인지 이제라도 결정해야 한다.

시부모님의 관심 혹은 간섭

가족의 스타일을 정할 때 가족의 우선순위를 정하는 것이 좋다. 여기서 우선순위란 관계의 우선순위를 말한다.

젊은 시절 이혼한 나의 어머니는 남편과의 관계에서 쏟아야 할 에너지를 우리 가족에게 쏟고 싶어 하셨다. 물론 어머니도 나의 가족임에 분명하지만 여기서 조금 세분화시켜야 할 필요가 있다.

대가족이든 아니든 집안의 가장은 1명이어야 한다. 조부모 세대인 할아버지나 할머니가 될 수도 있고 새롭게 가정을 꾸린 아들이나 딸일 수도 있다. 하지만 만약 부모 세대의 관심이 선을 넘는 간섭이라면 단호하게 대처해야 할 필요가 있다.

가족이라는 시스템에는 늘 구멍이 있다. 우리나라의 고부 갈등과 서양의 장서 갈등을 연구해보면 이 갈등의 핵심에 갑과 을이 존재한다. 호의와 권리에 대한 인식의 혼동이 존재한다.

1차적으로 가족이란 부부가 중심이 된다. 결혼한 자녀는 더이상 내가 영향을 미칠 수 있는 우선순위의 가족이 아니라는 것이다. 자녀 역시 결혼을 한 이후에는 정신적으로나 물질적으로 부모와 독립이 되어야 한다.

우리나라 부모들이 서양의 부모들보다 자녀의 결혼식에 더 많은 재정을 사용한다. 이로 인해 더 많은 권리를 요구하는데 이렇게 하면 안 된다.

고부 갈등이 발생하면 남편이 나서서 아내의 편에서 갈등을 진화해야 한다. 만약 진화되지 않는 갈등이라면 잠깐 거리를 두고 숨을 고르는 것도 나쁘지 않다.

아들로서 부모 공경이라는 가치가 마음을 짓누를 수 있다. 하지만 부부 중심이라는 기초 위에서만 건강한 부모 공경이 성립할 수 있음을 잊지 말자. 그리고 어떤 순간에도 극단적인 말과 행동을 삼갈 수 있다면 가족은 반드시 제자리를 찾게 될 것이다.

완벽함보다 편안함을 찾아라

자기 마음에서 평안을 찾지 못하면
밖에서 아무리 찾은들 헛수고일 뿐이다.
– 프랑수아 드 라 로슈푸코

완벽함은 불만족을 부른다

인생을 살면서 모든 것이 완벽하게 갖추어진다면 얼마나 좋을까? 원하는 대학에 진학하거나 누군가와 사랑에 빠지면 분명 그 순간은 어떤 것보다 좋은 순간일 것이다.

완벽한 대학이나 직장 그리고 완벽한 배우자 등이 자신의 삶을 완벽에 가깝게 만들어줄 것이라 기대한다. 많은 사람이 이런 삶이 더 행복할 것이라 생각하고 온 힘을 쏟는다. 최선을 다하는 삶에 돌을 던질 수는 없지만 무엇이든 지나치면 독이 된다. 이런 독소들이 쌓여 가족을 불행으로 이끈다. 어떤 일이 완벽해지는 순간 대부분의 사람들은 또 다른 완벽을 꿈꾸기 때문이다.

안방을 후끈하게 달구며 종영한 드라마 〈스카이 캐슬〉은 우리나라의 기형적인 교육 현실을 제대로 비틀었다는 평가를 받는다. 드라마가 실제의 삶과 얼마나 일치하는지 측정할 수 있는 방법은 없다. 하지만 실재했던 사례가 라디오 방송 CBS 〈김현정의 뉴스쇼〉를 통해 전파되었다.

의대 인턴까지 마친 아들이 어느 날 엄마에게 전화를 걸어 이렇게 말했다.

"엄마의 아들로 산 모든 세월이 지옥이었다. 더이상 나를 찾지 말아 달라."

아들이 이렇게 엄마의 가슴에 대못을 박는 말을 한 사연이 있었다. 아들이 의사가 되기를 소원한 이 어머니는 아들에게 3수를 하도록 했다. 이 기간 동안 거의 매일 공부하는 아들의 방에 들어가 108배를 하며 합격을 빌었다. 굳이 다 말하지 않아도 아들이 겪은 정신적인 압박이 얼마나 컸을지 짐작이 된다. 갑작스런 아들의 전화에 당황한 엄마는 아들을 찾으려고 했지만 그럴 수 없었다. 아들 주변 사람에 대해 알고 있는 것이 하나도 없었기 때문이다.

자녀의 진학을 위해 애쓰는 모습만 보면 영락없는 대한민국의 학부모이다. 하지만 기형적이다 못해 기괴한 공포 영화를 한 편 보는 느낌이 들었다.

물론 부모의 탓으로만 돌릴 수는 없다. 부모가 닦달하지 않아도 스스로를 닦달하며 이런 삶을 사는 사람들도 있기 때문이다. 『하마터면 열심히 살 뻔했다』의 저자 하완 작가의 삶이 딱 그렇다.

그는 '홍대병'에 걸려 3수에 한 수를 더해 4수까지 하면서 꿈에 그리던 홍대 미대에 합격했다. 학과 과정을 충실히 보내며 그림에 파묻혀 온 열정을 쏟으려 했지만 현실은 학비를 벌기 위해 아르바이트를 하느라 학과 과정을 소홀히 할 수밖에 없었다.

졸업만 하면 무언가 될 것 같았는데 자신만의 망상이란 것을 알게 되었다. 직장에 취직해 열심히 그림을 그렸지만 돈을 벌기 위한 수단이 된 그림에 더이상 열정이 생기지 않았다. 그렇게 시작된 이 책은 꽤 많은 독자들의 공감을 사며 베스트셀러가 되었다.

인생은 한 번뿐이다. 후회 없는 삶을 살기 위해 매일 최선을 다해야 한다. 꿈을 좇는 열정이 있을 때는 이 일이 힘들지 않지만 이런 삶이 반복되어 지치면 그럴 수 없게 된다. 꿈이 무엇이었는지, 아니 꿈이 있기는 했는지 혼란스러워진다. 지금까지 열심히 사는 것 외엔 달리 배운 것이 없기 때문에 혼란에서 스스로 빠져나올 수도 없다.

동료나 친구들이 도움이 되기도 한다. 하지만 마음이 정말 힘들 때는 이들조차도 부담스럽다. 이럴 때는 지친 몸과 마음을 누일 수 있는 침대 하나와 있는 그대로의 나를 받아줄 가족이 필요하다.

먼저 부부가 그런 사이가 되어야 한다. 때론 양가 부모님의 조언도 필요하다. 예상치 못한 자녀의 말 한마디가 위로가 되기도 한다. 그렇게 가족의 품에 안겨 쉴 수만 있다면 또 다른 어떤 충고나 조언도 필요 없이 다시 일어설 힘을 얻을 수 있다.

한 사람이 또 다른 사람을 돕거나 위로하는 행위는 평상시엔 있으나 마나한 것처럼 보인다. 만약 그 사람이 완벽해 보인다면 도움이나 위로 따위는 전혀 불필요할 수도 있다. 오히려 상대방에게 '오지라퍼'라고 욕만 먹을 것이다. 하지만 대부분의 사람들은 겉보기와 달리 늘 도움과 위로가 필요하다. 늘 완벽한 사람은 단 한 사람도 없기 때문이다. 오지라퍼의 오해를 받지 않고 도움과 위로를 제대로 줄 수 있는 관계는 가족이 유일하다고도 할 수 있다. 그래서 더욱 가족이 소중하다.

완벽한 행복은 우리 곁에 영원히 머물지 않는다. 행복이 완벽해진 순간 우리는 또 다른 행복을 향해 눈을 돌린다. 이미 손에 쥐어진 것은 당연한 것이고 잡지 못한 것을 향해 마음이 움직이기 때문이다. 그래서 늘 불만족일 수밖에 없다.

그렇다고 다시 불행해질 테니 행복해질 필요가 없다고 자포자기할 일은 아니다. 늘 불만족일 수밖에 없는 마음을 나쁘다고만 탓할 수는 없다. 지금 마음을 채운 행복이 자리를 비워야 새로운 행복이 그 자리에 채워질 수 있기 때문이다.

모두가 편한 마음이 되려면

아기가 빨리 자라서 스스로 모든 일을 할 수 있으면 좋겠다고 생각하지만 아이가 자라면 이내 어린 시절의 아기가 다시 보고 싶어진다. 어눌한 손짓과 말투가 더없이 사랑스러운 마음을 불러일으킨다. 가족의 행복 역시 마찬가지이다. 행복이 완성되어야 행복할 수 있다고 생각하지만 행복을 찾아가는 과정이 정말 행복한 순간일 수 있다.

스스로 완벽하다고 생각하는 사람들이 타인에게 분노를 쏟아내고 실수를 한다. 하지만 완벽하지 않다고 생각하는 사람들은 늘 서로에게 미안하고 고마워한다. 나 역시 그렇다. 어머니와 아버지에게 늘 미안하고 아내와 자녀들에게 늘 고맙다. 만약 내가 완벽한 아들이고 가장이었다면 이런 애틋한 마음을 느낄 수 없었을 것이다.

특별한 이유도 없이 허무하고 절망스러운 마음이 든다면 그 마음은 오직 깊은 관계를 통해서만 채워질 수 있다. 건강한 가족 관계처럼 말이다. 우리 가족은 허점투성이라서 절대 그럴 수 없다고 생각할지도 모른다.

하지만 가족이 그 자리에 존재한다는 것만으로 힘이 되는 것을 알면 허점투성이의 가족이라도 곁에 있는 것이 낫다. 늘 같은 모습이 아닐지라도, 때론 자신의 마음 때문에 서로의 마음을 보듬을 수 없더라도 그냥 그 자리에 있는 가족은 늘 소중한 것임을 잊지 말자. 기회는 반드시 다시 온다.

완벽한 가족보다는 편안한 가족이 좋다. 완벽하기 위한 긴장은 위로조차도 부담스럽게 만들 수 있기 때문이다. 마음이 편해야 도움이나 위로가 다른 오해를 불러일으키지 않는다. 그래서 가족은 편안해야 한다.

혹시 남편이 사표를 쓰고 집에 눌러앉을까 걱정이 되는가? 자녀들이 공부는 안 하고 놀기만 할 것 같은가? 물론 그럴 수도 있다. 하지만 그들 역시 세상을 살아야 하고 세상이 그들을 가만두지 않는다. 어디 세상뿐인가? 스스로도 가만히 있으면 불안해진다. 세상도 스스로도 흔들어 대서 충분히 불안한데 가족까지 합세할 필요는 없다. 가족 밖 세상이 흔들리는 것으로 충분하다.

2018년 12월에 열두 살 된 아들과 열 살 된 딸이 다니던 영어학원의 콘테스트에 참가했다. 예선 신청자는 230여 명이었고 예선 과제를 제출한 사람은 180여 명이었다. 학원 내 톱인 아들은 당연히 예선을 통과하고 딸은 열심히 하면 될 듯싶었다.

예상과 달리 아들은 예선에 떨어졌다. 그나마 본선에 진출한 딸도 최종 5명 안에는 들지 못했다. 아무렇지도 않을 줄 알았는데 생각보다 충격이 컸다. 시간이 흘러 아들과 딸은 이미 괜찮아졌는데 내 마음은 그렇지 않았다. 이 사건을 통해 내 안에 '스카이 캐슬'의 부모가 있다는 것을 발견하게 되었다. 그리고 그렇게 완벽에 집착하는 내 마음이 가족의 행복을 방해하고 있다는 것도 알게 되었다.

가족은 완벽에 대한 집착을 버리고 편안할 수 있어야 한다. 현재의 완벽은 반드시 허물어져 또 다른 공백을 만든다. 이 공백을 메우기 위해 계속 완벽만 추구하면 어느새 병들어 있는 가족만 남게 될 것이다.

인생의 진정한 성공은 작은 성공을 이루는 것과 큰 실패에서 일어서는 법을 배울 때 가능하다. 작은 성공은 가족 없이도 이룰 수 있지만 큰 실패에서 일어서려면 반드시 가족이 필요하다.

먼저 스스로를 편하게 대하라. 그리고 그 마음으로 가족들을 대하라. 가족들은 안정감을 느낄 것이고 그 안정감을 바탕으로 어떤 도전도 마다하지 않고 더 크게 성장할 것이다.

서로의 일상을 살피고 나눠라

당신의 호기심은 항상 당신의 성장점입니다.
– 다니엘 라포트

아내의 호기심은 관심

호기심이 고양이를 죽인다는 서양 속담이 있다. 열지 말라는 상자를 호기심으로 여는 바람에 온 세상에 나쁜 것을 퍼뜨린 판도라처럼 지나친 호기심은 좋지 않다는 의미이다.

고양이는 종종 여성에 비유된다. 도시적인 얼굴을 고양이상이라고 한다. 멋진 모델들이 턱을 치켜 세우고 골반을 흔들며 다리를 쭉쭉 뻗으며 당당하게 걷는 모습은 고양이 걸음걸이와 닮았다고 해서 캣워크라 부른다. 특별한 훈련 없이 깔끔한 것 역시 여성과 닮았다. 그중에서도 가장 닮은 것은 호기심일 듯하다.

그렇다고 여성들만 호기심이 많다는 뜻은 아니다. 호기심 많은 남성들도 많다. 나 역시 호기심이 폭발하는 중년 남성이고 나의 유전자를 이어받은 첫째 아들 역시 마찬가지이다. 나는 뭐든지 해보고 맛보고 경험해야 직성이 풀린다. 아들 역시 마찬가지이다.

호기심은 '왜?'라는 질문을 만드는 동기가 되기 때문에 긍정적인 면도 많다. 아들은 매사에 호기심을 가지고 책을 보는 덕분에 또래보다 높은 지식과 상식을 습득했다. 나 역시 식빵이나 마카롱 같은 제과제빵 능력을 얻어 가족들의 기쁨에 공헌을 하고 있다.

아내 역시 마찬가지이다. 생필품에 대한 호기심으로 NON-GMO(유전자조작 농산물을 사용하지 않은 식재료)나 유기농 제품을 해마다 업그레이드한다. 덕분에 우리 가족은 늘 새로운 옷과 음식과 비누를 사용할 수 있다. 우리 가족의 호기심은 서로에게 득이 되는 방향으로 흐른다.

아내는 사람에 대해 정말 엄청난 호기심을 가지고 있다. 보통은 여자들끼리 모여 다른 사람이 이야기하는 것을 좋아하는데 아내는 다른 사람에 대한 호기심보다 가족에 대한 호기심이 크다. 특히 나와 자녀들에게 대한 호기심은 거의 집착에 가깝다. 물론 대부분의 아내가 그럴 것이라 생각되지만 내 아내는 정말 장난 아니다.

대학생 시절 아직 본격적인 연애가 아닌 선후배 사이로 아내를 만날 땐 멘토 역할을 자처하며 많은 이야기를 나누었다. 그때 이전에 사귀었던 여자 친구에 대한 이야기도 했는데 이것이 아내의 호기심을 자극했다.

본격적인 교제가 시작되자 전 여친 사진을 보여달라고 했지만 다행히 한 장도 없었다. 혹 있다 하더라도 누군가와 다시 교제하기 시작하면 다 없애버려야지 가지고 있으면 되겠냐고 아내에게 말했다. 그렇게 그 사건이 마무리되는가 싶었다.

한 달 정도 지난 후에 아내가 나의 전 여친 사진을 보았다고 했다. 깜짝 놀라 어떻게 찾았냐고 물었더니 전 여친이 졸업한 연도의 졸업사진첩을 학교 도서관에서 찾아서 보았다고 했다. 순간 정말 집요한 여자다 싶어 소름이 돋았다.

아내는 이후에도 왕성한 호기심으로 나에게 심문에 가까운 질문을 쏟아냈다. 특히 통화나 문자를 정말 궁금해했는데 이런 호기심은 나를 피곤하게 만들었다. 아내는 나의 눈치를 살피며 기분이 좋아 보이면 자기가 궁금해하는 핸드폰 내용을 수시로 물었다. 이런 아내의 태도가 숨이 막히고 귀찮을 수도 있었는데 결혼을 전제로 교제하고 있던 터라 그냥 핸드폰을 보라고 주어버렸다. 굳이 숨길 것도 없었기 때문이다.

그때부터 지금까지 20년이 넘도록 아내는 내 핸드폰을 수시로 열어본다. 내가 바람을 피거나 무슨 나쁜 짓을 하나 감시하는 것이 아니다. 물론 그럴 수도 있겠지만 상관없다. 나에겐 아내의 그런 행동이 나에 대한 관심이라 여겨지기 때문이다.

일상을 공유하는 것은 중요하다

많은 부부들이 프라이버시를 이유로 배우자의 핸드폰에 접근하지 못하게 한다. 물론 법적으로도 보호를 받는 일이지만 상호 신뢰하는 부부라면 굳이 서로 숨길 필요가 있을까 싶다. 우리 부부가 지나치다고 생각할 수도 있지만 서로 신뢰하는 사이라면 굳이 핸드폰을 보지 못하게 할 이유는 없을 듯하다.

남편들은 가끔 아내 몰래 '므흣한' 영상을 보고 싶거나 아내가 하지 말라는 사소한 습관을 버리지 못해 그럴 수도 있다. 내 주변에도 그런 친구들이 몇몇 있다. 중년이 다 되었는데 야동을 저장하거나 스포츠 토토를 아내 몰래 하는 친구들 말이다.

특별한 개인 사정이 있을 수도 있다. 고용 연장이 멈췄거나 고부 갈등과 직장 내 비밀 업무처럼 배우자에게조차 감춰야 할 것들이 있을 수 있다. 가끔은 몰라야 하고 또 모르는 것이 더 나을 때가 있어서 배우자에게 숨겨야 할 것도 있다.

내 아내의 지나친 호기심은 나쁜 것만은 아니다. 아내의 호기심은 모든 사람을 향하는 것이 아니라 오직 가족이나 친구들에게만 제한되어 있다. 이런 점에서 아내의 남다른 호기심은 어쩌면 가족을 향한 남다른 사랑이기에 좋아 보이기까지 한다.

아내는 홈스쿨링을 하는 첫째 아들과 둘째 딸에게 늘 이것저것 묻는다. 유치원에서 돌아온 셋째 딸의 표정을 살피며 그 날 유치원 생활을 짐작하고 묻는 것도 잊지 않는다. 그런 아내의 질문이 귀찮을 법도 한데 아이들은 아내와 대화를 잘 한다.

문제가 발생할 때도 있다. 청소년기로 접어드는 첫째 아들에게 지나친 호기심이 발동한 엄마의 질문을 자신을 믿지 못하는 것으로 오해하여 불쾌한 표정을 드러내고 심지어 화를 내기도 한다.

그럼에도 아들은 아빠와의 대화보다 엄마와의 대화가 더 편하다고 한다. 아빠는 가끔 불규칙적으로 화를 내서 언제 혼날지 몰라 불안하기 때문이라고 한다. 아들은 과학이나 상식에 관한 대화 이외에는 엄마와의 대화를 더 좋아한다. 그런 아들을 보면서 어쩌면 아내의 아들에 대한 호기심이 아들의 마음에 사랑으로 느껴졌을 지도 모른다고 생각했다.

솔직히 말하면 나는 가족들의 소소한 일상이 그리 궁금하지 않았다. 출퇴근하는 사이에는 직장에서의 일과 관계가 바빴고 퇴근해서는 나름 내 역할을 잘한다고 생각했다. 하지만 재택근무가 시작되면서 가족들과 24시간 붙어 있다 보니 가족들과의 일상이 정말 중요하다는 생각이 들었다. 아내가 어떤 포인트에서 힘들어하는지 구체적으로 공감이 되었고 아이들의 일상을 모르는 내가 스스로 참 무심한 아빠로 여겨졌다.

가족에 대한 아내들의 호기심은 가족 구성원의 개인적인 일상을 가족 모두의 일상으로 바꾸는 마법과 같은 것이다. 사실 호기심의 위험성에 대한 비유인 '판도라의 상자'는 원래 항아리였다고 한다. 원래의 이야기는 이렇다. 판도라가 결혼할 때 결혼 선물로 받은 그 항아리에는 온갖 좋은 것들이 담겨 있었다. 판도라는 온갖 좋은 것들을 세상에 내어놓아 곤경에 처한 인간을 돕고 싶어 항아리를 열었다고 한다. 모계 중심에서 부계 중심이 되면서 주도권을 쥔 남성들이 삶의 어려움을 여성들의 탓으로 돌리는 과정에서 신화의 내용도 바뀐 것이라고 한다.

가족은 서로의 일상에 관심을 가지고 서로 나누며 함께 일상을 공유할 때 그 일상의 기억이 쌓여 더 끈끈한 공동체성을 형성한다. 그리고 이 일상의 공유에 있어 아내들의 호기심은 도움을 넘어 필수적이기까지 하다. 물론 아빠가 이 역할을 하는 가정도 있다.

가족들의 일상을 얼마나 알고 있는가? 아무리 열심히 해도 티가 나지 않는 가사에 파묻힌 아내의 고단함을 일상의 관심으로 대하고 있는가? 죽으나 사나 직장 생활의 어려움을 티 내지 않으려는 남편의 속상함을 그 표정에서 읽어내고 있는가? 친구들에게 인정받지 못해 괴로워하는 자녀들은 어떤가?

서로의 일상에 호기심을 가지고 대하면 좋겠다. 작은 일상이 공유되어 쌓여갈 때 비로소 진짜 가족의 삶으로 완성되어 간다. 우리 가족이 소중하기 때문에 가족의 일상 또한 소중한 것이다. 가족의 일상을 궁금해하고 그 일상을 공유하는 가족으로 성장하길 바란다.

"You Only Live Once!"

4장

/

욜로 패밀리 되는
7가지 프로젝트

\-

계획이란 미래에 대한
현재의 결정이다.
– 피터 드러커

가족의 스타일을 정하고 공유하라

미래를 예측하는 가장 좋은 방법은 미래를 만드는 것이다.
– 피터 드러커

끝을 분명히 하라

성공한 사람들의 특징 중 하나가 자신이 계획한 일의 끝을 미리 생각한다는 것이다. 일을 진행하는 과정에서 상황에 휩쓸려 방향을 잃지 않기 위해서이다. 방향을 유지함과 아울러 최악의 결과와 최선의 결과에 따른 대비를 하기 위해서이기도 하다.

끝을 상정한 후 끝에 도달하기 위해 단기 목표를 세우는 것도 잊지 않는다. 천릿길도 한 걸음부터라는 생각으로 끝을 향해 차근차근 단기 목표를 성취하면 반드시 끝에 도달할 것이라는 믿음은 선택이 아닌 필수이다.

모든 과정이 계획대로 되지 않을 수도 있고 우리의 믿음과 다른 끝을 맞이할 수도 있다. 만약 돌이킬 수 없는 큰 실패라도 하게 되면 그 충격이 고스란히 마음에 각인되어 이후 재도전에 대한 주저함이 생긴다. 인간의 마음은 성공의 달콤함보다는 실패의 쓴맛에 더 영향을 받기 때문이다.

그러나 이런 두려운 마음을 극복하고 다시 도전할 수 있는 힘은 끝이 분명할수록 더 강해진다. 오늘의 실패는 끝이 아니라 진정한 성공의 끝을 위한 또 다른 과정일 뿐이라는 관점으로 다시 일어나 달려갈 힘을 얻는다.

성공적인 가족 역시 마찬가지라고 생각한다. 한 번뿐인 가족인데 아무런 목표 없이 흘러가는 대로 두면 생각하지 못한 위기를 만나 좌초할 수 있다. 자신이 도달해야 할 곳이 바다라는 사실을 알아야 폭포를 만나도 주눅 들지 않고 저수지에 안주하여 썩어가지 않을 수 있다.

주도적인 삶이 행복의 비결이듯 행복한 가족의 삶은 가족으로서의 삶을 주도하는 데 있다. 그렇기 때문에 가족의 끝이 무엇인지 결정할 수 있어야 한다. 그리고 그 최종 목적지를 향해 나아가는 과정을 어떻게 채울 것인지 스스로 생각하며 주도할 수 있어야 한다. 빠르게 변화하는 세상에 휩쓸리지 않고 그 안에서 긍정적인 변화를 맞이하기 위해 끝을 상정하는 것은 반드시 필요하다.

최종 목적지에 대한 그림이 처음부터 선명할 수는 없다. 모든 삶은 처음 경험할 수밖에 없는데 어떻게 흔들리지 않고 명확한 끝을 그릴 수 있겠는가? 제대로 알지도 못하고 그린 선명한 그림은 도리어 행복한 가족의 삶을 방해할 뿐이다.

친척 중 어떤 가족은 부모님 모두 명문대 출신이었다. 자녀들은 당연히 그렇게 자라야 했다. 첫째는 부모의 기대에 부합했지만 둘째는 그러지 못했다. 따뜻한 집안 분위기와는 거리가 멀어질 수밖에 없었다.

멀리서 찾을 필요도 없이 나의 어머니도 그런 예이다. 가정이나 남편에 대한 밑그림이 너무 분명했다. 기대치가 높지는 않았지만 이미 연애할 때부터 자신의 낮은 기대치에도 못 미치는 남편인 것을 충분히 알 수 있었다.

그럼에도 자신의 밑그림과 다른 남편을 원망하면서 좌절하셨다. 두 분은 화목할 수 없었고 그 사이에 태어난 나 역시 부모의 사랑을 조화롭게 받으며 자랄 수 없었다. 당연히 가정이 깨질 수밖에 없다.

사랑은 연필로 쓰라는 옛 유행가 가사처럼 가족의 최종 목적지에 대한 그림은 희미한 윤곽에서 시작해야 한다. 비록 희미할지라도 내 손으로 그린 내 그림이기 때문에 주도적인 삶의 첫발을 내딛는 데 의미가 있다.

그림 초보가 윤곽을 잡으면 생각한 것과 전혀 다른 결과물이 나올 수도 있다. 코뿔소의 윤곽을 그리다가 코끼리가 나올 수도 있다는 말이다.

중학생일 때 미술 수업 중 유화를 그리는 시간이 있었다. 수업 중에는 윤곽도 제대로 잡지 못하고 시간만 보내다 결국 집에서 나머지를 완성해야 했다. 그런데 집에서 갑자기 잘 그려지는 것이다. 미술 선생님에게 대작의 의혹을 받기는 했지만 나 스스로 당당했으니 상관없었다. 안타깝게도 다음 그림을 망쳐서 대작의 의혹이 더 짙어지기는 했어도 말이다.

가족에도 스타일이 필요하다

많은 사람들이 삶에 대한 계획은 세우면서도 가족에 대한 계획을 세울 생각은 하지 않는다. 결혼과 동시에 어떤 부부가 되고 어떤 부모가 될 것인지 밑그림이 있어도 결혼생활은 만만치 않다. 하지만 그 누구도 가족에 대한 것은 가르쳐주지 않는다. 그리고 모두에게 그것은 당연한 것처럼 여겨진다. 어쩌다가 행복한 가족일 수 있지만 그 행복이 지속되기는 어렵다.

결혼 전 부부가 되고 부모가 되는 과정을 한 번쯤이라도 생각하고 계획했다면 그 밑그림은 뚜렷할수록 좋다. 그럼 배우자를 찾는 기준이 조금 더 선명해지고 밑그림에 가까운 배우자를 만날 확률도 높아진다. 물론 이 그림 역시 연필로 그려야 한다.

배우자를 만나 결혼생활이 시작되면 다시 수정해야 할 수밖에 없기 때문이다. 동화 속에 나오는 이상적인 배우자를 만날 수도 없고 혹 만났다 하더라도 결혼 전 이상은 결혼 후까지 지속될 수 없기 때문이다.

부부가 함께 선명한 밑그림으로 수정한 후에 자녀가 생긴다면 자녀의 연령대에 맞춰 함께 그림을 완성시켜가야 한다. 이때 분명해야 할 점은 채색은 함께하더라도 밑그림은 부부가 그려야 한다는 것이다.

너무 어릴 때부터 스스로 선택해야 할 것이 많은 것은 도리어 아이들의 독립성에 악영향을 미친다. 자녀 스스로 선악을 분별하고 자신이 원하는 삶을 찾아야 한다는 생각을 하기 전까지는 부모가 자녀를 이끌어줘야 한다.

우리 가족은 처음부터는 아니지만 어느 순간 부부가 함께 밑그림을 그리기 시작했다. 자녀들이 성장하면서 자녀들이 함께 그 그림에 참여하고 완성해가고 있다.

우리 가족은 '서로 사랑하라.'라는 끝을 바라보며 하루하루 살아간다. 종교적 신념을 따라 하나님을 사랑하고 나를 사랑하고 이웃을 사랑하는 마음을 잊지 않으려 한다. 예배를 잊지 않고 나를 돌아보고 아동 후원을 실천한다. 재정이 커지면 점점 더 확장해갈 것이다.

종교가 없는 사람이라면 인류애나 자연 보호 같은 다양한 분야의 인권에 대한 가치를 끝으로 삼아도 좋을 것 같다. 너무 현실에 매여 아등바등 살아가는 것은 모든 이에게 독이 된다고 생각한다.

가족 내 최종 결정권은 가장인 나에게 있다. 너무 가부장적이라고 생각할 수도 있지만 내가 독재를 하거나 일일이 다 결정하지 않는다. 그렇게 하는 것은 일단 나 스스로도 너무 번거롭고 가족 구성원의 자발적이고 주도적인 삶을 방해하기 때문이다.

자녀들은 부모에게 순종하는 태도를 훈련한다. 물론 연령대에 따라 다른 순종의 훈련이다. 아이들이 만 15세가 되면 가족 내에서 어른으로 대우하기로 했다. 가정 내 대소사에 대한 결정을 부모와 함께 한 어른으로서 감당해야 한다는 뜻이다.

부모 자녀 간은 물론 형제자매 간 건강한 태도도 잊지 않는다. 서로의 소유물에 함부로 손을 대지 않고 반드시 허락을 받아야 하며 스스로의 품위가 깎이는 말은 삼가도록 한다. 가족 중에서 내가 제일 못하는 부분이기도 하다. 가끔 개그 욕심이 너무 지나치기 때문이다.

이 두 가지 정도의 큰 원칙을 바탕으로 '서로 사랑하라.'라는 최종 목적지를 향해 오늘도 열심히 나아가고 있다.

한 번뿐인 가족의 삶을 위해 가족만의 스타일을 찾아 결정하면 좋겠다. 흘러가는 대로 두어도 나쁘지 않지만 흐름을 주도할 수 있으면 더 큰 행복감을 느낄 수 있기 때문이다. 부부가 함께 같은 꿈을 꾸고 자녀들을 통해 그 꿈이 확장되어 가는 가족을 생각하면 언제나 가슴이 벅차다.

여러분의 가족은 어떤 스타일을 가지고 있는가? 가족 스타일을 정하고 그 과정을 가족과 함께 공유하는 과정 자체가 행복이다. 처음부터 잘할 수는 없지만 일단 한 걸음 내딛는 것이 중요하다. 아직 늦지 않았으니 지금부터라도 시도해보면 좋겠다.

세상 어떤 실패도 가정의 실패에 견줄 수는 없다. 성공적인 가족이 되기 위해 자기 가족만의 스타일을 결정해보고 온 가족이 함께 공유해보길 권한다. 더 큰 행복은 덤으로 따라올 것이다.

무엇보다 부부가
우선임을 인정하라

당연한 건 없었다.
— 드라마 〈고백부부〉 중에서

변함과 변화의 차이

"변함은 없지만 변화는 있습니다."

강릉 지방의 축제 포스터에 실린 문구이다. 이 글귀를 보자마자 가족이라는 단어가 떠올랐다. 가족은 변함이 없어야 하는 면과 변화를 받아들여야 하는 면이 동시에 존재한다. 변함없어야 하는 것이 변하면 변질이다. 이것은 다시 회복해야 할 가치이다. 하지만 세상과 우리는 끊임없이 변하기 때문에 시대에 맞추어 우리는 늘 변화되어야 한다.

오랜 유교 문화로 인해 우리나라 사람들은 부모 공경을 매우 중요한 가치로 여긴다. 모든 고등 종교에서 가르치는 변하지 말아야 할 중요한 가족의 가치임에 분명하다.

하지만 부모 공경의 가치가 너무 강조되어 변질되면 안 된다. 부모는 바꿀 수 없지만 아내는 바꿀 수 있다는 생각은 우선순위가 바뀐 변질에 가깝다. 이 세상의 근원은 부모가 아닌 부부에서 시작되었다. 창조나 진화나 모두 부부가 우선임을 지지한다.

부모도 얼마든지 바뀔 수 있다. 출산과 양육은 항상 한 사람에 의해 이뤄지지 않았고 필요에 따라 양부모를 모실 수도 있다. 부모 공경의 가치는 변함이 없어야 하지만 시대에 따라 공경의 방법은 변화되어야 한다.

고대의 부모 공경 방법은 오늘날의 관점에서는 엽기적이기까지 하다. 부모를 위해 자식을 삶아 먹거나 땅에 묻기도 했기 때문이다. 시대의 변화에 따라 공경의 방식은 반드시 변화되어야 한다는 것을 알 수 있다.

부모와 자녀가 유전적으로 일치하여 몸과 마음이 부부보다 더 닮아 있더라도 언젠가 떨어져 독립을 이루어야 한다. 혈연보다 더 질긴 인연이 있다는 것을 인정할 수 있어야 한다. 캥거루도 아닌데 계속 주머니에 넣고 다니다가 어느 날 갑자기 독립시킬 수는 없다. 부모도 자녀도 서서히 서로의 손을 놓아야 한다.

고부 갈등은 일종의 갑질이다. 부모 공경이라는 가치가 변질되어 강요되고, 시어머니와 아들, 며느리 사이에 잘못 나타난 것이다. 최근 발생하는 장서 갈등도 본질은 같다고 본다. 두 현상 모두 가족의 중심에 있어야 할 부부 대신 다른 것이 들어와서 변함이 없어야 할 가치를 변질시켰기 때문에 드러나는 현상이다.

가족의 중심에는 부부가 있어야 한다. 부모도 자녀도 우선순위에 있어 부부 아래 있다. 부모가 부부, 자녀보다 못하다는 뜻이 아니다. 부모 공경의 가치는 변함이 없다. 부부는 늘 부모를 공경해야 하고 마땅히 해야 할 책임을 짊어져야 한다. 최소한의 의무를 넘어 최선을 다해야 한다. 하지만 그것이 부모의 강요가 되어서는 안 된다는 것이다. 그렇기 때문에 부부가 중심이 된다고 해서 부모 공경의 가치를 훼손시키는 방향으로 가서는 안 된다.

부부가 중심이 되고 부모 공경의 가치가 훼손되지 않으려면 고부 갈등이 발생할 때 일단 남편은 아내의 편에 서야 한다. 아내가 차별받는 여성이면서 사회적 약자인 며느리이기 때문만은 아니다. 변함없는 가족의 가치가 부부 중심이기 때문에 그런 것이다.

이렇게 해야만 비로소 부모와 자녀 간의 분리가 일어난다. 마음이 아픈 구석은 있지만 우선순위를 통해 단호하게 행할 수 있어야 한다. 그래야 모두에게 좋은 그림으로 완성될 수 있다.

필요하다면 비록 부모라 할지라도 물리적, 심리적 거리를 두는 것이 좋다. 고부 간의 갈등으로 인해 마음이 상해서 이 거리가 곧장 단절로 이어질 수 있다. 그러나 이것은 부모 공경과 상충하기 때문에 늘 최종 목적이 무엇인지 잊지 않는 것이 중요하다. '당장은 부부의 행복, 결국엔 모두의 행복'을 생각해야 한다.

부부를 위협하는 것들

가족의 중심에 서야 할 부부의 자리를 위협하는 것 중 하나가 자녀이다. 세계에서 두 번째라면 서러울 우리나라 부모들의 지나친 교육열 때문이다. 태중에서부터 다른 아이들과 경쟁하기 시작한다. 어릴 때는 키와 몸무게로 경쟁하고 진학이 시작되면 성적으로 경쟁한다.

조금 더 일찍부터라고 생각하는 사람도 있지만 본격적인 레이스는 중학생 때부터 시작된다. 자녀들의 사교육비를 감당하기 위해 부모의 등골이 아작 난 지 이미 오래다. 2018년 한 해 동안 19.5조 원이라는 돈이 사교육비로 사용되었다고 한다.

부모의 교육열이 대한민국의 발전에 지대한 공로를 한 것은 사실이지만 이로 인해 가족의 중심이 자녀가 된 것은 변질이라 할 수 있다. 가족의 생계를 위한 기러기 아빠는 이해가 되지만 자녀 교육을 위한 기러기 아빠는 지양되어야 한다.

내가 아는 기러기 아빠 중 한 명은 이미 내연녀가 있다. 이미 퍼질 대로 퍼진 불륜이기 때문에 기러기 아빠라서 내연녀가 생긴 것은 아닐 것이다. 어떤 이유에서든지 불륜이 벌어지는 순간 부부는 이미 하나가 아니기 때문이다.

부부는 몸 따로 마음 따로일 수 없다. 몸과 마음은 늘 함께 존재하는 것이다. 몸이 마음에 영향을 주기도 하고 마음이 몸에 영향을 주기도 하면서 서로 조화롭게 존재한다. 몸은 바람을 피지만 마음은 그럴 수 없다는 것이다. 남편과 아내 역시 서로에게 몸과 마음에 대한 책임과 권리가 있다. 각자의 인격이 존재하며 조화롭게 하나가 되기 위해 몸과 마음을 함께 지켜야 한다.

비행기에서 위급한 일이 생겨 산소 마스크를 써야 할 상황이 되면 자녀보다 먼저 부모 중 한 사람이 먼저 마스크를 써야 한다. 자녀에게 마스크를 씌우다 부모가 의식을 잃으면 상황대처 능력이 없는 자녀도 결국 위험해진다. 부모의 안전이 확보된 후 자녀에게 마스크를 씌워도 늦지 않는다.

자녀 중심 양육에서 부모 중심 양육으로 방향을 선회하지 않으면 결국 가족 전체가 위험에 빠질 수 있다. 부부가 중심이 되어 먼저 부부 갈등을 풀어갈 수 있는 문제 해결 능력을 키우고 이를 바탕으로 자녀와의 문제를 해결하는 능력을 키워야 한다.

가족의 중심에는 늘 부부가 있어야 한다. 부모 공경과 자녀 양육 또한 포기할 수 없는 중요한 가치이지만 그것이 부부 관계보다 앞설 수는 없다. 가족의 중심이 무너지면 다른 부분이 무너지는 것은 시간문제이기 때문이다. 부부가 중심이 되어 똘똘 뭉치면 지구를 침략하는 외계인도 두렵지 않다. 변화를 통해 성장을 지향하는 부부라면 고부 갈등이나 자녀 문제 같은 문제들도 해결하기 위해 에너지를 쏟게 될 것이다.

문제가 해결되지 않더라도 너무 죄책감을 가질 필요는 없다. 가족의 중심이 부부인 것은 맞지만 변화의 주체가 항상 부부가 될 수는 없기 때문이다. 갈등이 해결되지 못한 채 부모님이 먼저 하늘나라로 가실 수도 있고 자녀들이 독립할 수도 있다. 물론 그렇게 되기 전에 더 좋은 가족 관계로 회복되어야겠지만 말이다.

변함은 없지만 변화는 있어야 한다. 부부도 마찬가지이다. 부부가 중심이 되는 것은 변하지 말아야 한다. 부부가 중심이 되어 화목한 부부가 되면 이 관계가 가족의 변화로 이어질 수 있도록 한 걸음 더 나아가야 한다.

부부가 중심이 되어 화목하게 살면서 가족 전체에 화목한 영향을 끼쳐야 한다. 부모에게 효도하는 첫걸음이면서 동시에 부모로서 자녀에게 줄 수 있는 가장 큰 선물은 부부 간의 화목이다. 화목한 부모 아래 자란 자녀들은 심리적인 안정감을 통해 수많은 스트레스와 질병을 이기는 면역력이 생긴다. 행복의 기본이 면역력을 바탕으로 만들어진 건강한 몸과 마음에서 출발하는 것은 두말할 것도 없다. 이를 위해 늘 부부가 우선임을 인정하고 절대 잊지 말자.

부부 중심 또는 부모 중심

신혼부부들이 흔히 겪는 문제 혹은 실수가 자녀를 중심으로 가족을 꾸리는 것이다. 물론 어른보다 자녀들에게 손이 더 많이 가고 관심과 에너지를 쏟아야 한다. 그렇더라도 그것이 부부 중심의 원칙을 해쳐서는 안 된다.

남편과 자녀에게 반드시 필요한 옷이 있다면 남편의 것을 먼저 살 수 있어야 한다. 물론 이런 극단적인 상황은 많지 않을 것이다. 남편도 아빠인데 자녀의 옷을 먼저 사라고 할 것이다. 그럼에도 늘 가족의 의식이 '부부 중심 혹은 부모 중심'으로 흘러야 한다.

자녀 교육도 마찬가지이다. 사교육비가 천문학적 숫자에 이른 현실 때문에 자녀 교육에 너무 재정을 쏟아부어서는 안 된다. 자녀 교육을 포기하라는 말이 아니다. 때론 학원보다 가족 여행에서 얻을 수 있는 것들이 더 많다.

너무 한쪽으로 치우치지 말아야 한다. 사회가 이미 너무 치우쳐져 있어서 내 생각이나 행동이 치우쳐 있다는 것을 인식하지 못할 수 있다. 동시에 그렇게 치우치는 것이 당연하다고 생각할 수도 있다. 하지만 둘 다 너무 위험한 생각이다.

각 가정에서 결정하고 추진해야 할 일이지만 결국 그런 가정들의 합이 사회를 더 불행한 방향으로 이끌고 있다. 그리고 그 원인을 분석해보면 가족을 경영함에 있어 부부나 부모가 아닌 자녀가 중심이 된 양육과 교육을 하고 있기 때문이라 생각된다.

때론 과감한 선택도 필요하다. 현재에도 꾸준히 늘어나고 있는 홈스쿨러들이 바로 그런 선택을 한 사람들이다. 조금은 극단적이고 반사회적으로 보일 수도 있다. 하지만 홈스쿨링이 지향하는 주도적인 삶에 대한 교육관은 모든 가정에 정착되었으면 좋겠다.

다툼, 피할 수 없다면
잘 싸워라

상호이익을 모색하라.
- 스티븐 코비

극단적인 싸움은 위험하다

싸움은 말리고 흥정은 붙이라는 말이 있다. 어른들의 싸움이 자칫 극단적으로 흐르면 돌이킬 수 없는 후회스런 결과를 낳을 수도 있기 때문이다. 미국의 트럼프 대통령과 북한의 김정은 위원장이 SNS에서 서로 비난하며 극단적인 신경전을 벌일 때 많은 외신들이 우려를 쏟아냈다. 사소한 신경전이 자칫 돌이킬 수 없는 전쟁으로 번질 수도 있었기 때문이다.

어른들의 싸움과 달리 아이들의 싸움은 다소 긍정적인 면이 강하다. '아이들은 싸우면서 큰다.'라는 말에서도 알 수 있지만 심리학자조차도 아이들의 싸움은 발달의 과정으로 여긴다.

출생 후 시간이 흐르면 저절로 어른의 몸이 된다. 하지만 몸이 어른이라고 해서 진짜 어른일 수는 없다. 스스로의 삶을 책임지는 것은 물론이고 가족과 이웃을 섬길 만한 마음의 성장이 있어야 진짜 어른이라 할 수 있다. 마음과 삶은 깊이 연결되어 있다. 이 연결에 대한 구체적인 설명은 여기서 하지 않겠지만 둘 사이의 상관관계는 삼척동자도 다 아는 일일 것이다. 마음에 담겨 있는 것은 반드시 생각과 감정을 통해 삶으로 표출된다.

스티븐 코비는 '세상의 모든 일은 두 번 일어난다.'라고 했다. 예를 들면, 커피를 마시고 싶은 마음이 먼저 존재하고 이 마음이 커피를 마시는 행동으로 이어진다는 것이다.

몸의 성장은 대부분 20년 전후로 멈추지만 마음의 성장은 죽을 때까지 이어진다. 물론 마음의 성장은 반드시 플러스만 있는 것은 아니다. 마이너스로 퇴보하는 경우도 많다. 그렇기 때문에 마음의 성장을 위해 아이처럼 싸우는 방법을 배워야 한다.

사람이 사는 곳에 갈등도 존재한다. 즉시 해결되는 것도 있고 덮어뒀다가 나중에 해결해야 하는 것도 있지만 어쨌든 갈등은 해결되어야 한다. 스스로와의 문제이든 타인과의 문제이든 해결되지 않은 채 마음에 묻혀 있는 갈등은 조금씩 부패하여 악취를 풍긴다.

나와 타인을 위해 갈등을 해결할 줄 알아야 한다. 갈등을 해결하는 과정을 싸움으로 볼 수 있다. 그렇다면 이 싸움은 어른처럼 극단적인 상황이 되면 안 된다. 아이처럼 싸워서 성장할 수 있어야 한다. 스스로 또는 상호 간의 성장이 싸움의 결과여야 한다는 것이다.

과정에 최선을 다하는 이유는 결과가 중요하기 때문이다. 실패에서 더 많이 배우려 하는 것은 결국 성공적인 결과가 중요하기 때문이다. 그래서 최선을 다해 싸움으로써 성장의 결과를 맞이하려고 해야 하는 것이다.

자기 혼자만 승리의 영광을 독식하겠다는 태도는 버려야 한다. 간혹 전쟁을 이렇게 보기도 하는데 사실은 그렇지 않다. 전쟁을 이겼다고 해서 모든 것을 독식해버리면 또 다른 전쟁이 발발할 수도 있기 때문이다. 실제로 2차 대전이 그렇게 발발했다.

1차 세계대전에서 승리한 연합국은 모든 책임을 독일에게 물었고 엄청난 배상금을 지불토록 했다. 아무리 일을 해도 영원히 가난해질 수밖에 없다는 생각이 독일 국민들 사이에 퍼졌고 실제로 생계조차 위협받았다. 이런 불안과 불만은 극우 정권인 나치당이 정권을 잡을 기회를 주었고 결국 2차 대전이 발발하였다. 이 전쟁의 참상은 몇 권의 책으로 써도 부족할 지경이다.

다행히 2차 대전 역시 연합국의 승리로 끝이 났다. 이때 연합국은 독일의 전쟁 배상금을 낮게 책정했다. 이로 인해 독일은 전쟁의 책임을 감당함과 동시에 라인강의 기적이라는 경제성장을 이루었고 결국 현재 유럽연합의 중추적인 국가가 되었다.

함께 이기는 길을 찾아라

국가 간의 전쟁에서도 서로의 상생을 염두에 둬야 하듯이 가족 간의 싸움은 더더욱 그래야 한다. 그래야 모두에게 좋은 결과를 맞이할 수 있기 때문이다.

먼저 부부 싸움이 그렇다. '부부 싸움은 칼로 물 베기'라는 말은 옛말이 되었다. 많은 부부가 그릇에 담긴 물처럼 한마음으로 살지 않기 때문이다. 여기에는 여성의 희생이 강요된 불합리한 사회 구조가 한몫했기 때문에 옛날을 그리워하며 한숨을 쉴 필요는 없어 보인다. 지금에라도 남녀가 서로의 다름을 인정하되 인간으로서 동등한 위치에서 서로를 대하며 부부로서의 삶을 살아야 할 것이다.

아무리 죽고 못 사는 사이로 만난 부부라 할지라도 갈등이 없을 수는 없기 때문에 반드시 잘 싸우는 방법을 익혀야 한다. 가능하다면 결혼 전 싸우는 방법을 터득하면 좋을 것이다. 이 부분에 대해 먼저 생각한 배우자가 있다면 솔선수범하여 배우면 좋겠다.

부부는 자신만을 위해 살던 시간을 뒤로 던지고 함께 살기 위해 함께 이기는 길을 찾아야 한다. 부부가 함께 이기는 길에 들어서면 그 길을 함께 걸어야 한다. 구체적인 싸움의 기술을 익혀야 한다는 것이다.

우리 부부가 함께 이기기 위해 결혼 전부터 지킨 암묵적인 규칙이 하나 있는데 동시에 화를 내지 않는 것이다. 이것이 둘만의 싸움 기술이 되어 우리는 극단적인 상황이 되기까지 싸운 적이 한 번도 없다.

또 다른 기술 중 하나는 갈등에 대한 답을 먼저 찾은 사람이 상대를 기다려주는 것이다. 답을 먼저 찾은 쪽이 상대에게 말해줄 수도 있지만 당사자끼리의 충고는 오히려 싸움을 악화시킬 수 있기 때문에 하지 않는 것이 좋다.

갈등의 원인이 자신이라는 점을 발견해야 싸움을 멈추고 함께 이기는 길을 찾을 수 있는데 감정이 상한 상태일 때는 이렇게 하기 어렵다. 그저 기다리는 것이 가장 좋은 방법이라고 본다.

누군가 나서서 대신 말해줄 수도 있다. 내가 의도한 것은 아니지만 내가 하는 말에 상처받은 아내가 똑같은 말을 장모님에게 듣고 회복되었기 때문이다.

가족으로 살면서 피할 수 없는 싸움 중 하나가 자녀와의 기싸움이다. 자녀와의 기싸움하면 청소년기에 접어든 자녀가 가장 먼저 떠오르겠지만 사실은 갓 태어날 때부터 시작된다.

갓난아이와 무슨 기싸움을 하겠냐고 할 수도 있겠지만 기싸움의 성패는 항상 상대가 아닌 자기 자신이기 때문에 갓난아이 때부터 싸움이 시작되었다고 말할 수 있다.

갓난아이에게 무엇을 요청할 수는 없다. 즉, 부모가 전적으로 아기의 요구에 맞추어 행동해야 한다. 이런 상황 때문에 엄마들이 몹시 힘들어진다. 아마 대부분의 엄마들이 매일 밤을 눈물로 지새울 것이다. 이 과정에서 철저하게 자기 자신과 싸워 이기는 방법을 터득해야 한다. 이를 악

물고 싸우라는 것이 아니라 자신을 내려놓은 방법을 터득하라는 것이다.

어쩌면 여자가 남자보다 더 철이 든 것처럼 보이는 것은 남자들은 잘 모르는 이런 과정이 있었기 때문일 것이다.

아이가 자라면서 자기주장이 생기고 이 주장은 이내 고집이 되어버린다. 본격적인 상호 기싸움이 시작되는 것이다. 이 시기에 엄마는 아이에게 해야 할 것과 하지 말아야 할 것에 대한 선을 분명히 그을 수 있어야 한다. 이렇게 하기 위해 엄마의 마음이 먼저 정리되어야 한다. 상황에 따라 이랬다저랬다 하면 아이는 혼란을 느끼고 점점 더 엄마의 말을 따르지 않게 된다. 만 2세부터 초등 저학년까지는 엄마의 태도가 분명한 것이 좋다.

사춘기가 되어도 아직 어른이라 할 수 없기 때문에 경계선은 있어야 하지만 아이 때와 달리 유연해야 한다. 조금 더 많은 주도권을 주고 스스로 할 수 있도록 격려해야 한다. 주도적인 삶을 훈련하는 데 있어 우리나라의 교육 현실이 큰 장애물이지만 상황 탓만 하지 말아야 한다.

사춘기가 된 자녀가 갑자기 이상해지는 것이 아니다. 어릴 때부터 분명하지 않은 부모의 태도와 주도적으로 살아가도록 이끌지 못하기 때문에 그간 쌓인 것들이 그때 폭발하는 것뿐이다.

아이의 성장에 맞추어 제대로 싸울 수 있는 부모가 되어야 한다. 때론 단호하게 때론 온유하게 대하는 것이 참 어려운 일이지만 학대하거나 방치하는 것이 가장 나쁜 일임을 알고 선을 분명히 그어줄 수 있어야 한다. 이 모든 선이 부모의 마음에서 먼저 그어져 있어야 한다. 그렇게 자녀와 부모는 함께 자라간다.

모든 인간관계에서 싸움은 피할 수 없다. 특히 가족 간에는 더욱 그렇다. 무조건 자기주장만 펼치며 상대를 압박하여 모든 승리의 영광을 차지하려 하지 말고 함께 이기는 길을 모색해야 한다.

피할 수 없기 때문에 잘 싸우는 법을 익혀야 한다. 싸우는 법을 익히면 가족의 삶이 한결 행복하다. 진짜 싸워야 할 것과 피해야 할 것을 알고 쓸데없는 에너지를 아낄 수 있다. 어차피 싸워야 하니 제대로 배워서 싸우길 바란다.

1차 대전과 2차 대전에서 배울 수 있는 것

1차 세계대전을 일으킨 독일에 맞서 승리한 유럽의 국가들은 독일에게 엄청난 전쟁 배상금을 지불토록 했다. 아무리 일을 해도 영원히 가난해질 수밖에 없다는 생각이 독일 국민들 사이에 퍼졌고 실제로 엄청난 인플레이션으로 고통받았다. 감자 한 봉지를 사기 위해 수레에 돈을 싣고 다닐 정도였다고 하니 소시민의 삶이 얼마나 고통스러웠을지 짐작이 간다.

이런 불안정한 환경에 힘입어 독일의 나치당이 선거마다 연전연승하며 결국 국회를 장악한다. 정권을 잡은 히틀러는 온 국민들에게 '게르만족의 우월성'을 외치며 전쟁을 부추겼다. 이렇게 발발한 2차 대전은 1차 대전과는 비교할 수 없을 정도의 피해를 남겼다.

거의 전 유럽을 손에 넣은 히틀러가 러시아를 정벌하려다 결국 실패하면서 전세가 기울기 시작했다. 미국이 전쟁에 개입하면서 2차 대전은 독일의 패배로 끝이 났다.

하지만 연합국은 1차 때와 달리 독일에게 과도한 전쟁 배상금을 요구하지 않았다. 전쟁의 원인에 대한 건강한 원인 분석이 이런 결과를 도출해낸 것이다. 그럼에도 독일은 패전국으로서 수많은 어려움을 겪어야 했다. 하지만 결국 독일은 재기에 성공했다.

라인강의 기적으로 불리는 경제 성장을 이룸과 동시에 전쟁의 원인 제공자로서 책임을 다하는 자세로 살았다. 이로 인해 독일은 현재 국가 브랜드 세계 1, 2위를 다투는 나라가 되었고 유럽연합에 지대한 공헌을 하는 나라가 되었다.

너무 거창한 이야기인 듯 보이지만 이를 통해 배울 것이 있다. 가족 같의 다툼에도 분명 원인 제공자가 있겠지만 너무 닦달하지 말자. 잘못에 대한 유형, 무형의 사과를 받으려 하기보다 미래를 지향하며 덮을 수 있으면 좋겠다. 가족이니까 말이다.

너무 완벽하게 잘하려고
하지 말라

뿔을 바로 잡으려다 소를 죽인다.
– 속담

70점이면 충분하다

하루는 대기업에 다니는 고교 동창이 점심을 먹던 중 이런 말을 했다.

"일을 못하는 신입사원들은 모든 업무를 100점 맞으려고 한다. 70점만 맞아도 충분한 일에 온 에너지를 쏟으니 정작 100점을 맞아야 하는 일은 하지도 못하고 나가떨어진다."

정확히 어떤 업무인지는 모르겠지만 의도는 충분히 파악할 수 있었다. 사회생활을 막 시작하는 초년생들의 의욕이 너무 앞선 것이다.

어릴 때부터 우리는 늘 최선을 다해야 한다고 배웠다. 매 순간 최선을 다하는 태도는 정말 중요한 것이지만 후회 없는 삶을 살기 위해서는 최선을 다하는 것으로는 부족하다.

직장 생활을 하는 사람들의 가장 큰 애로사항은 업무 자체가 아니다. 업무를 성공적으로 수행하기 위한 인간관계가 가장 힘들다고 한다. 우리 나라처럼 수직적인 문화뿐 아니라 조금 더 수평적인 서구의 직장인들도 비슷한 스트레스가 있다고 한다.

결혼생활도 마찬가지이다. 식탁을 차리고 집안을 정리하고 옷을 세탁 하는 일과 같은 업무는 마음만 먹으면 언제든 금방 익힐 수 있다. 하지만 이보다 더 중요한 인간관계는 하루아침에 배울 수 있는 것이 아니다.

내 아내는 정리정돈과 청소를 잘하는 편이다. 아무리 많은 물건도 순 식간에 자리를 찾고 아내가 청소한 날은 남자인 나조차도 깔끔해졌다는 느낌을 받는다. 하지만 밥과 반찬을 하는 것은 서툴렀다. 아직 아기가 없 을 때이니 나는 아내가 청소나 정리정돈보다는 음식을 만드는 일에 에너 지를 더 쏟길 원했다. 적어도 내가 보기엔 그렇게 하는 것이 미래를 위해 더 좋을 것이라 생각했다.

아내는 요즘도 지나치게 최선을 다해서 종종 실수를 한다. 외출 준비 로 한창 바쁠 때 젖병을 다 분해해서 세척을 하려고 한다. 하루에 한 번 정도 젖병을 다 분해해서 세제로 씻고 소독을 한다. 그런데 굳이 외출 준 비에 바쁠 때 그렇게 하는 것은 조금 과하다 싶었다. 자기가 잘하는 일을 너무 잘하려다 보니 이런 일이 벌어진다.

결혼은 연애와는 다른 관계의 긴장이 있다. 연애 때와는 달라야 하는 부분도 많다. 그런데 달라진 부분은 인식하지 못하고 잘하는 것만 더 잘하려고 하면 오히려 마이너스가 된다.

사실 아내가 신혼 초에 음식을 하는데 에너지를 쏟지 못한 것도 처음부터 너무 잘하고 싶은 욕심이 앞섰기 때문이라고 했다. 달걀 프라이 같은 간단한 음식부터 시작하면 되는데 해물탕이나 아귀찜이 떠오르니 도전할 엄두가 나질 않았던 것이다.

먼저 힘을 빼야 한다

무슨 일이든 너무 잘하려고 하면 힘이 들어간다. 한 분야에 아무리 정통한 실력자라 할지라도 힘이 너무 들어가면 실수를 한다. 하물며 전문이 아닌 분야에 힘이 지나치면 성공할 확률은 거의 없다고 본다.

차라리 자신이 할 수 없음을 인정하고 실패할 수도 있다는 사실을 받아들이면 더 잘 배울 수 있을 것이다. 처음 하는 일이기 때문에 갑자기 잘할 수는 없지만 편한 마음으로 배우면 더 자연스럽게 몸에 익힐 수 있다고 본다.

내가 아는 어떤 아내는 고부 갈등 때문에 속이 상한 적이 많았다. 대한민국의 며느리들 중 그 누가 고부 갈등을 겪지 않겠느냐마는 내가 들어도 조금 심하다 싶었다. 시어머니는 딸을 둔 부부에게 손자를 낳으라고 요청했다. 말이 요청이지 압력 행사에 가까웠다. 남편 역시 내심 아들을 바랐기에 둘째를 낳은 지 7년이나 지났지만 다시 임신을 선택했다.

임신 후 시어머니는 며느리에게 새벽기도를 나가라고 했다. 열심히 기도하면 아들을 낳을 수 있을 거라면서 말이다. 물론 시어머니도 함께 기도했을 테지만 당사자인 며느리는 몹시 부담스러웠다. 그렇게 10개월이 지나 출산하고 보니 딸이었다. 이 일뿐 아니라 또 다른 수많은 사연들이 있지만 다 이야기할 수 없다고 했다. 며느리는 모든 일에 있어 할 수 있는 것보다 훨씬 더 힘을 쏟았다. 시어머니의 지나친 요구 앞에서도 한마디도 대꾸하지 않고 웃으면서 묵묵히 따랐다.

며느리 3명이 모여 이런저런 이야기를 하는 모습을 보니 짠한 마음이 들기도 하고 한편으로는 불편하기도 했다. 그 며느리 중 내 아내도 있었기 때문이다.

아내 역시 시어머니와 불편한 며느리였기에 나와 종종 대화를 했었다. 결혼한 부부들이면 잘 알겠지만 그리 유쾌한 대화가 아니다. 그녀들의 대화를 가만히 듣고 있다 보니 어쩌면 너무 잘하려는 마음 때문에 오히려 더 악화되었다는 생각이 들었다. 조금 불편할 때 불편하다고 말하고, 안 될 일은 안 된다고 해야 하는데 그렇게 하지 못한 것이다.

우리나라 어떤 며느리가 시어머니에게 따박따박 대꾸를 할 수 있을까? 하지만 커뮤니케이션은 상호 간에 일어나야 하는 것이기 때문에 시어머니 탓만 할 수는 없는 일이다.

어떤 요청이나 부탁을 할 때 사람의 성향에 따라 최소한의 것만 하는 사람이 있고 최대한의 것을 넘어 무리한 요구를 하는 사람도 있다. 그런 성향은 조금만 관심을 갖고 상대를 보면 금방 파악할 수 있다. 자기주장이 너무 강하면 관계가 힘들지만 자기주장이 애매한 사람보다는 낫다. 적어도 겉과 속이 다르지는 않아 뒤통수 맞을 일이 없기 때문이다.

부부나 고부간은 물론 부모들의 자녀에 대한 열심도 마찬가지이다. 건강을 위해 좋은 음식을 먹이고 유해한 환경으로부터 차단하는 노력은 필요하지만 이 역시 너무 지나치면 관계를 해칠 수 있다.

우리 가정은 일반 가정에 비해 조금 지나쳐 보일 수 있다. 홈스쿨링을 하면서 텔레비전이나 스마트폰을 통제하기 때문이다. 1주일에 1번 정도 영화나 예능을 보고 토요일 오후 비디오 게임을 허락하는 것이 전부이다. 그럼에도 아이들이 큰 불만을 갖지 않는 것은 부모가 한 목소리로 통제하는 이유에 대해 설명하고 아이들 역시 그 설명에 동조하기 때문이다. 덕분에 우리 자녀들은 텔레비전보다 책과 더 친한 편이다.

물론 책이라 할지라도 만화책은 안 된다. 지식적으로 매우 유익하다 할지라도 만화가 깊은 독서에 방해가 된다는 의견을 수렴하여 만화책은 별로 없다. 다만 도서관에 방문하면 읽고 싶은 학습만화를 허용한다. 다행히 아이들이 이 부분에 대해 폭발할 만큼의 불만은 없다. 무엇보다 스스로 독서의 중요성을 알고 있기에 스스로 독서를 하려고 하는 편이다.

'교각살우', 뿔을 교정하려다가 소를 죽인다는 뜻이다. 소의 뿔이 정확히 대칭을 이루는 경우는 거의 없다. 크기나 휜 정도 등 눈으로 봐도 차이가 난다. 소의 뿔만 그런 것은 아니다. 자연에 존재하는 모든 것은 완벽히 대칭을 이루는 경우가 거의 없다. 역설적이게도 결점이라 생각되는 비대칭 때문에 오히려 더 자연스러워 보인다.

삶은 완벽한 대칭이 아니고 그럴 수도 없다. 빛과 그림자가 조화롭게 존재하듯 전혀 반대로 보이는 어떤 것들이 만나 균형을 이룬다. 잘하는 것이 있으면 못하는 것도 있어야 한다. 자신의 단점이 행복한 삶을 방해한다는 생각으로 너무 단점을 수정하려 하면 안 된다. 스스로의 단점을 먼저 자신이 수용하고 타인에게도 그 단점을 수용해달라고 건강하게 요청할 수 있어야 한다.

너무 잘하려고 하기보다는 자연스럽게 잘하는 것이 더 좋아 보인다. 그런 관점에서 가족으로 잘살기 위해 힘을 줄 때와 뺄 때를 알고 너무 잘하려고만 하지 말아야 한다.

서로 신뢰하고 존중하라

남에게 대접을 받고자 하는 대로 너희도 남을 대접하라.
– 누가복음 6장 31절

상대가 싫어하는 일을 하지 말라

자동차에 시동을 걸려면 밤새 멈춰 있던 엔진이 움직이기 시작한다. 이때 엔진 바닥에 있던 윤활유가 엔진 구석구석 퍼진다. 값비싼 부품들이 정교하게 맞물려 작동하는 엔진이 없다면 자동차는 무용지물이 된다.

그러나 비싼 엔진에 윤활유가 없다면 엔진은 이내 동작을 멈출 수밖에 없다. 경고등을 무시하고 엔진 가동을 지속하면 피스톤과 엔진 벽이 만들어낸 마찰열로 인해 엔진이 녹아내려 수리가 불가능해질 수도 있다.

사회를 구성하는 인간관계는 자동차의 부품보다 훨씬 복잡하고 긴밀하게 맞물려 있다. 그리고 그 사이사이 서로를 향한 존중이라는 윤활유가 제대로 작동을 해야 사회가 유지될 수 있다.

존중이란 상대방을 귀하고 중요한 사람으로 대하는 것이다. 어떤 분야에 능숙한 전문가가 공로까지 세운다면 그 사람은 분명 귀하고 중요한 사람으로 여겨질 것이다. 거기에 사람들을 매료시킬 만한 성품을 갖춘다면 존경의 대상이 될 수도 있다.

공로가 없다고 천하게 여기거나 인성이 엉망이라고 대수롭지 않게 대하면 안 된다. 남에게 해를 입히지 않는 한 인간으로 존재한다는 이유만으로 모든 인간은 존중받을 권리가 있기 때문이다.

역할의 차이에 따라 존중의 정도도 차이가 날 수는 있다. 사장과 일반 사원에게 같은 크기의 존중을 기대할 수는 없다. 하지만 역할의 무게가 존재의 무게로 이어지지 않도록 해야 한다. 그래야 사회가 부드럽게 돌아갈 수 있다.

존중이라는 가치가 상대를 귀하고 중요하게 여기는 것이기 때문에 가장 가까운 사람일수록 가장 존중할 수 있어야 한다. 하지만 아이러니하게도 인간은 가깝고 편한 사람일수록 존중의 태도를 쉽게 간과한다.

나는 아주 나쁜 버릇이 하나 있다. 가족들의 엉덩이를 툭툭 치는 것이다. 내 기준에서는 가족이 너무 사랑스러워 하는 행동이지만 당하는 구성원들은 무시받는 느낌을 받는다고 한다. 청소년기에 접어든 아들에게는 조심하는 편인데 아무래도 어린 딸들이나 아내에게는 쉽지 않다. 그만큼 허물없이 편하다는 뜻이지만 그만큼 그들의 방식대로 그들을 존중하지 않는다는 것이기도 하다.

중요한 관계의 기술 중 하나는 상대방이 좋아하는 일을 많이 하는 것이 아니라 싫어하는 일을 하지 않는 것이다. 그런 면에서 나는 기술 점수도 엉망이고, 이 때문에 스스로의 품위를 지키지도 못하는 어리석은 짓을 하고 있다.

존중의 정도는 다를 수 있다

서로를 존중하려면 서로를 신뢰해야 한다. 서로에 대한 신뢰가 없으면 아무리 존중의 행동을 해도 상대방은 비아냥거림이나 무시로 느낄 수 있다. 서로 신뢰를 쌓으려면 또 존중해야 한다. 존중과 신뢰는 서로 맞물려 인간관계를 부드럽게 유지하며 사회를 존속시킨다.

이러한 존중과 신뢰는 타인을 향하기에 앞서 먼저 자신에게 향해야 한다. 스스로 존중할 줄 아는 사람만이 타인을 존중할 수 있기 때문이다. 또 사람마다 다른 존중의 정도 역시 스스로의 마음에서 기준을 세워야 주저하지 않고 행할 수 있다.

인간은 태어날 때부터 매우 이기적인 존재이며 동시에 이타적인 존재이다. 어린아이일수록 매우 이기적이다. 한 손에 과자를 들고 있으면서도 다른 친구의 과자를 빼앗는다. 아직 어리기 때문에 잘 몰라서 그런다고 하지만 사실은 그렇지 않다.

24개월 정도의 아이들을 대상으로 인간의 이타심에 대한 실험이 있었다. 아이에게 영상을 하나 보여주었는데, 동그라미를 괴롭히는 세모와 동그라미를 돕는 네모에 관한 내용이 나온다. 영상을 본 아이들은 세모를 버리고 네모를 선택한다.

이기적인 행동이든, 이타적인 행동이든 모르고 하는 것이 아니라는 것이다. 알지만 자신의 욕구를 제대로 조절하지 못하기 때문에 상대를 존중하거나 배려할 수 없어서 그렇게 하는 것이다.

장 폴 사르트르는 "타인은 지옥이다."라는 말로 피할 수 없는 인간관계의 고통을 잘 표현했다. 프랑스의 대표적인 실존주의 철학가인 사르트르는 실존주의자답게 인간관계의 긍정적인 면보다 부정적인 면을 부각했다.

이 말은 한 웹툰의 제목으로 사용되기도 했는데 내용은 이렇다. 시골에서 백수로 지내던 주인공은 서울에 있는 선배의 회사에 인턴으로 취직된다. 가진 돈이 없었기 때문에 가장 저렴한 고시원에 들어갔는데 하필 정신병자에 가까운 살인마들이 운영하는 곳이었다. 회사생활 역시 쉽지 않아 바로 윗선임과 갈등을 겪다 결국 회사를 그만두게 되었다.

고시원도 회사도 피할 수 없는 인간관계에 얽혀 괴로워하는 주인공이 서서히 미쳐가는데 그 내용을 보고 있자니 나 또한 미칠 것 같았다.

단순히 웹툰의 내용이 답답해서가 아니라 우리의 현실에도 비슷한 상황이 참 많기 때문이다. 특히 가족관계가 그렇다. 거리를 두어도 가족은 가족인지라 관계를 완전히 피할 수 없다. 지옥도 이런 지옥이 없는 것이다.

어린 시절 부모님의 이혼으로 인해 나는 부모의 관심 밖에서 자라야 했다. 양가를 왕래하면서 양가의 분위기가 서로에게 좋지 않다는 것도 온 마음으로 받아야 했다. 자기자신밖에 모르는 아버지를 사랑할 수도 미워할 수도 없었다.

어쩌다 동네에서 전혀 모르는 사람과 대화를 하는데 그 사람이 대뜸 "아, 그분이 네 아버지시냐? 동네에서 모르는 사람이 없다."라고 했다. 결혼을 4번이나 한 아버지에 대한 것이라 짐작되었는데 어디론가 숨고 싶었다.

하지만 나만 아버지가 불편했던 것은 아닌 것 같다. 마흔 중반이 되어 삶을 돌아보니 나를 둘러싼 환경 속의 사람들은 물론 아버지 역시 내가 그리 편하지만은 않았을 것 같다. 서로를 부담스러워하고 가족이라는 이유로 인연을 끊을 수도 없고 서로에게 지옥 같은 존재가 되어버린 것이다.

다행스럽게도 나는 작은 깨달음을 얻고 마음을 돌렸다. 아버지의 삶을 있는 그대로 받아들이자 마음이 편해졌다. 모르긴 해도 아버지 역시 마음의 변화를 맞이할 것이다. 서로의 마음에 낸 생채기가 깊어서 결코 회복할 수 없었을 것 같았지만 관점을 살짝만 바꾸니 아무 문제 될 것이 없었다.

모든 일에는 적당한 때가 있다. 가족 간에 해야 할 존중의 정도도 마찬가지이다. 신혼 때와 권태기 때의 존중이 다르고 어린이와 사춘기 자녀에 대한 존중이 다르다. 이 시기에 해야 할 존중의 태도를 갖추지 못한다면 서로에게 상처를 주고받으며 가족의 역할을 제대로 못하게 될 수도 있다. 그러니까 나중에 후회하지 말고 오늘부터 서로를 존중하는 가족들이 되길 바란다.

물론 제때 못했다고 회복 불능이 되는 것은 아니다. 변함없는 삶을 유지하면 언젠가 변화된 삶을 맞이할 기회가 찾아오기 때문이다.

기억에 남을 추억을 만들어라

시간은 도망가지만, 기억은 그렇지 않다.
– 라틴어 속담

기억은 남는다

Tempus fugit, non autem memoria.

"시간은 도망가지만 기억은 그렇지 않다."라는 뜻의 라틴어 문구이다. 사람의 기억은 그 사람의 전부라 할 수 있다. 현재의 나는 과거의 내가 쌓인 결과이며 모든 과거가 아닌 기억하는 과거의 집합체라고 할 수 있다. 감당할 수 없는 기억들은 무의식의 영역으로 밀어내기도 하지만 이조차 그 사람의 기억이 되어 정체성과 자존감을 형성한다.

반드시 좋은 기억만 있어야 하는 것은 아니지만 좋은 기억이 많을수록 인생을 행복하게 살아갈 수 있는 저력이 생기는 것은 맞다. 성공보다 실패에서 더 많이 배울 수 있다지만 실패만 반복하는 사람은 결코 행복할 수 없다.

인간의 뇌가 좋은 기억만 남기고 나쁜 기억을 지워가는 이유도 여기에 있을 것이라 생각한다. 물론 당장은 나쁜 기억이지만 시간이 지나고 이조차 좋은 기억이 될 수도 있다.

중요한 것은 오늘의 삶에서 추억이라고 말할 수 있는 것들은 좋은 기억이다. 하지만 나쁜 기억을 극복하여 좋은 관점으로 바라볼 수도 있다.

가족만의 추억을 만들어야 하는 이유가 여기에 있다. 좋은 기억도 나쁜 기억도 나중에 돌이켜보면서 추억이라 말할 수 있는 것들이 쌓여야 한다. 그래야 가족에 대한 소속감이 생기고 정체성이 형성된다.

우리 부부가 좋은 관계를 유지할 수 있었던 것은 신혼여행의 추억이 남달랐기 때문이다. 결혼하던 해에 둘 모두 시간의 여유가 생겨 한 달 남짓한 기간 동안 여행을 했다. 아내는 배낭여행을 주장했고 주변 사람들은 만류했다. 가뜩이나 결혼이라는 힘든 일을 치루고 신혼여행 가서 푹 쉬어도 모자랄 판에 배낭여행처럼 힘든 여행을 하다 싸우기만 할 거라면서 말이다.

하지만 결과는 매우 좋았다. 함께 여행을 하면서 인생을 동행하는 마음가짐을 배울 수 있었고 실제의 삶에 적용할 수 있게 되기도 하였다.

아내와 나는 성향이 매우 다르다. 나는 모든 일을 계획적으로 미리 하는 편이었지만 아내는 그렇지 않았다. 연애하는 동안 아내의 그런 모습이 참 한심스러워 보일 때가 많았다. 리포트 제출 하루 전에 초조해하며 밤을 새는 모습이 이해되질 않았다. 그런데 여행을 통해 나의 생각이 많이 바뀌게 되었다.

패키지여행과 달리 내가 계획하고 실행해야 할 여행에서는 계획이 틀어지는 변수가 많이 발생한다. 그리고 그때 발생한 문제들은 오롯이 자신의 몫이 된다. 예약했던 버스를 탈 수 없었고 파업으로 인해 한밤중에 하염없이 기차를 기다려야 하기도 했다. 내가 잘못한 일도 잘못하지 않은 일도 차질이 생기니 스트레스를 받을 수밖에 없었다.

이 과정에서 아내의 정서적 지지가 나에게 큰 힘이 되었다. 아내는 여행의 세부적인 계획을 다 알지도 못했지만 알았다 할지라도 나처럼 스트레스를 받지 않았을 것이다. 아내의 여유 있는 성향이 초조했던 나를 부지불식간에 안정시키고 있었던 것이다.

이 과정에서 계획이 틀어질 때 쏟아내던 분노를 멈추는 법을 터득했고 스스로의 틀에 갇히지 않는 마음도 얻을 수 있었다. 나 스스로 잘한 점도 있지만 아내의 도움이 없었다면 불가능했을 것이다. 만약 아내가 '무슨 일을 이렇게 준비한 거야?'라고 했다면 나는 영원히 내가 만든 틀을 깨고 나오지 못했을 수도 있다.

추억은 시간을 초월한다

강원도 산골서 자란 어린 시절에 해마다 여름이면 내 마음을 설레게 했던 것이 하나 있다. 내가 살던 집 앞으로 하천의 범람을 막는 둑이 있었는데 여름만 되면 그 둑 위에 텐트가 세워졌다. 주로 아버지나 형들이 설치해주었는데 나에겐 그런 아버지나 형이 없었다.

마음속에만 세웠던 텐트는 결국 결혼 후 첫 휴가에 세워졌다. 동해안 해수욕장 솔밭에서 3일간 캠핑을 한 것이다. 지금 생각하면 거의 난민 수준의 캠핑이었지만 14년 전 아내와의 첫 캠핑을 절대 잊을 수 없다.

사실 목사라는 직업은 캠핑이 불가능한 직업 중 하나이다. 휴가 기간을 제외한 360일 동안 새벽기도를 해야 하기 때문이다. 다행히 새벽기도 참석이 의무가 아닌 대형 교회에 근무하면서 일요일 저녁이나 휴일 전날 캠핑을 떠날 수 있었다. 세 명의 자녀들도 캠핑을 너무 좋아했다. 답답한 아파트에 갇혀 지내다 문만 열면 바로 놀이터가 있는 캠핑을 너무나 좋아했다.

캠핑에 대한 책을 읽다가 유럽에서 캠핑을 하는 사람들의 글을 읽고 가족과 함께 가면 좋겠다는 생각이 들었다. 그냥 막연히 생각한 것인데 그 일이 실제로 일어났다. 한 달 정도의 유급 휴가가 주어졌고 생각지 못한 재정도 마련되어 자동차로 유럽을 여행하면서 숙박은 캠핑으로 해결했다. 그렇게 가족들과 잊지 못할 추억을 만들었고 몇 년이 지난 지금도 가끔씩 그때의 사진을 보면서 함께 즐거워한다.

작년에는 첫째 아들과 자전거 국토 종주를 마치기도 했다. 아빠인 나도, 아직 초등학생인 아들도 참 뿌듯한 경험이었다. 아들은 이 과정을 통해 한층 성장한 모습을 보였다. 아들의 영향으로 아들이 다니는 학원 친구들 사이에 자전거 열풍이 불기도 했다. 올해 또 다른 구간을 계획 중인데 아들은 자전거 타기를 귀찮아하면서도 국토 종주는 꼭 마치고 싶어 한다.

우리 가족 모두 자전거를 좋아한다. 결혼 전 아내와 취미생활을 함께하기 위해 이것저것 시도하다 다 실패했는데 아내가 자전거를 탈 수 있다는 사실을 결혼 후 알았다. 처음엔 동네 마실 정도였지만 한강도 다녀오고 춘천까지 하루 종일 장거리 라이딩을 하기도 했다.

운동을 별로 좋아하지 않는 아내였지만 춘천에 다녀온 이후 어떤 성취감이 들었던 것 같다. 지금은 넷째를 키우는 중이라 자전거를 못 타지만 어서 빨리 자전거를 타고 싶다고 한다.

우리 부부는 역마살이 단단히 끼어 있다. 아내와 나는 신혼 때 다녀온 배낭 신혼여행 덕분에 여행의 맛에 눈을 뜨게 되었고 서울과 수도권 일대의 걷기 여행을 거의 마치다시피 하였다. 그 길은 다시 걸어도 여전히 좋다. 변함없는 고궁도, 해마다 변하는 거리도 늘 새롭다.

부부의 역마살은 고스란히 자녀들에게 전달되었다. 고향이 지방인지라 장거리 차량 이동에 익숙해진 아이들은 특별히 가족과의 여행을 좋아한다. 교육을 위해 역사관이나 박물관을 방문하고 현지의 맛있는 음식을 먹으며 자기 생각을 이야기한다.

평상시에도 대화가 많은 편이기는 하지만 여행 중 기분이 들뜬 상태에서는 조금 더 깊은 이야기도 스스럼없이 할 수 있다. 자녀들은 주눅 들지 않고 자신의 생각을 말하고 실수도 웃음으로 넘기는 여유를 배운다. 부모 역시 열린 마음으로 자녀를 대할 수 있는 마음의 여유가 여행 중에 생긴다. 그렇게 조금 더 친밀한 추억이 쌓이는 가족이 되어간다.

우리 가족은 캠핑카에 자전거를 싣고 세계여행을 떠나려고 계획 중이다. 세계평화와 인류애를 실천하며 국위선양에도 이바지할 수 있는 그런 세계여행 말이다. 되게 거창하게 들릴 수도 있지만 사실 구체적인 계획은 아무 것도 없다. 재정도, 시간도, 콘셉트도 다 부족하다. 하지만 마음에 품고 있는 이 일은 언젠가 반드시 삶으로 나타나게 될 것이다.

가족은 가족만의 추억이 있어야 한다. 가족과의 추억을 공유하는 것은 시간과 공간을 초월하여 가족이라는 유대감을 형성한다. 자녀가 결혼을 하거나 부모가 세상에 없더라도 가족만의 추억은 여전히 그들을 가족으로 묶는 힘이 있다.

가족의 추억은 삶을 지탱하는 기둥이 되기도 한다. 실패와 좌절 속에서도 정체성과 자존감을 잃지 않고 다시 일어나 도전할 기회를 마련한다.

추억 만들기 프로젝트

추억을 만드는 일이 그리 거창한 것만은 아니다. 특히 자녀가 어리다면 더욱 그렇다. 다섯 살 미만의 아이들은 해외여행이나 동네 놀이터나 오십보백보이다. 아끼고 모아서 큰 이벤트를 열어주기보다 매일 자주 작은 이벤트를 하는 것이 낫다. 동네 놀이터 투어도 좋고 색종이 만들기도 좋다. 그런 작은 일들이 어린 자녀들의 추억으로 쌓이게 된다.

아이가 자라서 체력과 면역력이 어느 정도 키워지면 본격적으로 가족여행을 계획해보면 좋겠다. 가까운 공원 나들이부터 먼 해외여행까지 하나둘씩 쌓이면 그 기억이 자녀를 만들고 또 가족을 만들어갈 것이다. 여행만큼 좋은 것은 없어 보인다. 아, 아이가 멀미에 취약하다면 그렇지 않을 수도 있다.

가족이 함께 같은 책을 읽는 것도 좋다. 우연히 아들이 읽는 책을 읽고 함께 이야기했는데 정말 즐거웠던 기억이 있다. 요즘도 아내가 종종 시도하는데 『대학』이나 『논어』처럼 아이들에게 조금 어려운 책이라 시작이 쉽지 않다. 그렇다면 소설이나 만화책처럼 편하게 읽을 수 있는 책을 읽고 식사를 하면서 함께 이야기하는 것도 매우 좋은 방법이다.

한 가족을 넘어
하나의 공동체로

> 벌들은 협동하지 않고는 아무것도 얻지 못한다.
> 사람도 마찬가지다.
> – E. 허버트

오직 인간만 이렇게 한다

인간은 사회적 동물이다. 물론 늑대나 원숭이 같은 동물도 개미나 벌 같은 곤충도 사회생활을 하지만 동물이나 곤충과 인간의 사회생활은 차이가 있다. 특히 동물의 가족 공동체 중 오직 인간만 갖는 독특한 특성이 있는데 갓 태어난 아기를 타인의 손에 맡긴다는 것이다.

오랑우탄이나 침팬지 같은 영장류들도 갓 태어난 새끼를 남의 손에 맡기지 않는다. 다른 암컷이 관심이 없어서 그런 것이 아닐까 생각할 수 있지만 새끼 없는 암컷들일지라도 새끼에게 많은 관심을 가지고 있다.

어미는 자기 새끼에게 접근하는 모든 것들에게 으르렁거린다. 다른 암컷은 물론 심지어 같은 배에서 나온 갓 난 새끼의 형제자매일지라도 철저하게 접근을 막는다. 늑대의 손에서 자란 로물루스와 레물루스 이야기도 있고, 자기 새끼로 오인하여 다른 새끼를 거두는 고릴라의 사례 등이 보고되기는 하지만 자기 새끼를 맡기는 일은 없다. 오직 인간만 자기 새끼를 타인에게 맡긴다.

아기가 태어나면 온 가족이 축하한다. 면역력이 약한 아기를 생각하여 일정 기간 동안 격리시키기는 하지만 조부모나 유모처럼 일부 사람들에게 아기를 맡기기도 한다. 감염에 대한 걱정이 줄어든 현대에는 수많은 사람들이 아기를 안아보기도 한다. 이런 일은 다른 동물들에게 찾아보기 힘든 오직 인간에게만 일어나는 일이다.

다른 동물과 달리 인간은 태어날 때부터 공동체가 필요하고 실제로 공동체의 도움을 받는다. 한 아이를 키우기 위해 한 마을이 필요하다는 말은 그냥 생긴 말이 아닌 것이다.

엄마가 되어 자녀를 양육하려면 누군가의 배려가 필요하다. 동시에 자녀를 키우는 엄마도 다른 사람을 배려할 수 있어야 한다. 아기를 키우는 일이 힘들다고 엄마에 대한 배려를 당연시하면 무례한 엄마가 된다.

제주도에 살고 있는 어린이 작가 전이수 군은 동생의 생일파티를 망친 경험을 했다. 작년에 갔었던 레스토랑이 노키즈존이 되어버린 것이다. 사회적인 이슈가 되어 갑론을박이 벌어지고 있지만 개인적으로 노키즈존은 전적으로 주인이 결정할 일이라고 본다.

나도 자녀를 4명이나 키우고 있지만 꼴불견인 엄마들이 참 많다는 생각이 들기 때문이다. 여기에 일일이 적지 않아도 인터넷에 떠도는 수많은 사례가 있으니 궁금하면 찾아보시기 바란다.

　이와 관련하여 실제인지 아닌지 모르겠지만 재미있는 에피소드가 하나 있다. 한 레스토랑에서 어린아이가 마구 뛰어다니고 있었다. 이를 지켜보던 연세 지긋한 여성이 "여기서 이렇게 뛰면 안 된다." 하고 타일렀다. 그러자 아이의 엄마가 "아이가 그럴 수도 있죠."라고 따지듯 말했다. 이 여성은 이렇게 답했다. "아이는 그럴 수 있지. 하지만 넌 그러면 안 되지."

　유태인들은 아이가 엄마의 통제에 따르기까지 외식을 자제한다고 한다. 고국을 잃고 타국에서 눈치를 보면서 살아왔기 때문일 수도 있지만 엄마들의 이런 마음은 필요해 보인다. 그렇다고 해서 엄마들을 '맘충'이라고 비하하지 말았으면 한다.

　'엄마와 벌레'가 합쳐진 '맘충'은 이기적인 양육 태도를 바라보는 불편한 시선이다. 사실 나도 아이를 낳기 전에는 이해하지 못할 때도 많았다. 아이가 우는데 그거 하나 달래지 못하는 엄마들이 한심해 보이기까지 했다.

　하지만 아이를 키우면서 생각이 완전히 바뀌었다. 노키즈존이나 맘충 같은 개념이 생기면서 엄마들은 더 눈치가 보인다. 일이 이렇게까지 된 것은 분명 엄마들의 책임이 존재하겠지만 그렇다고 모든 것을 엄마들의 책임으로 돌려서는 안 된다.

　물론 오픈된 공공장소에서 기저귀를 갈고 유아의 소변을 카페의 물 컵에 받아내고 지하철 의자에 신발을 신은 채 올라가 뛰는 자녀들을 방치하는 엄마들은 빨리 사라져야 할 것이다. 하지만 아이를 키워보지 못하면 결코 이해할 수 없는 상황들도 있음을 알고 노인 못지않은 배려가 필요하다고 본다.

　유럽의 대형매장에 가면 24개월 미만의 아이가 탄 차량이 따로 주차할 수 있는 공간이 잘 마련되어 있다. 장애인 못지않은 배려를 하는 것이다. 가족 화장실과 수유실도 잘 갖추어져 있다.

　우리나라도 점점 나아지고 있지만 여전히 시설이 턱없이 부족하거나 접근성이 좋지 않다. 그럴 때는 여자 화장실 세면대에서 기저귀를 갈고 구석에 놓인 벤치에서 모유 수유를 해야 한다.

　모유 수유에 관한 재미있는 에피소드를 SNS에서 접했다. 레스토랑에서 주문한 음식을 기다리는데 아기가 배가 고파 보채기 시작했다. 해당 레스토랑에는 수유실이 따로 준비되지 않았다. 엄마는 테이블에 앉아 대수롭지 않다는 표정으로 아기에게 모유 수유를 시작했다.

　이 테이블 곁을 지나가던 나이 지긋한 한 남성이 수유하는 엄마에게 "뭐라도 덮으라."고 말했다. 수유 중인 엄마의 젖가슴을 보는 것이 불편했기 때문이다.

　그런데 이 엄마의 재치 있는 행동이 웃음을 자아냈다. 자기 어깨에 있던 숄을 집어 들어 젖가슴 대신 자기 얼굴을 덮은 것이다. 앞에 앉아 있던 남편은 이 사진을 찍어 SNS로 공유했고 신문에 실리기까지 했다.

가족을 넘어 공동체로

비단 24개월 미만의 자녀뿐 아니라 성장하는 내내 한 아이에게는 가족 이외에도 함께할 공동체가 필요하다. 아내를 돕는 남편만으론 부족하다. 한 명의 아이가 자기 역할을 제대로 할 수 있는 건강하고 행복한 어른으로 자라기까지 함께 키운다는 마음을 가져야 한다.

필리핀 항공사의 한 비행기에서 분유가 없어 배고픈 아이가 울고 있었다. 배고픈 아기의 울음소리는 불안과 짜증을 유발한다. 다른 승객들은 그 마음을 눈빛으로 바꾸어 엄마와 아기를 쳐다보고 있었다. 이때 승무원이었던 패트리샤 오르가노가 사정을 알게 되었고 자신의 젖을 물려 아이의 배를 채웠다. 모든 사람이 패트리샤처럼 도울 수는 없다. 나 같은 남자들은 아예 불가능하다. 하지만 누구라도 곤경에 처한 엄마와 아이를 이해하고자 하는 마음으로 따뜻한 시선을 보낼 수는 있다. 최소한 그런 마음이 있어야 비로소 공동체를 믿고 아이를 맡길 수 있을 것이다.

우리나라도 국가적으로 '마을사업'에 많은 예산을 투입하고 있다. 마을이 더 아름답고 좋은 방향으로 발전할 수 있도록 하되 마을 안에서 몇몇이 모여야 예산을 얻을 수 있다.

우리 자녀들도 이 사업의 덕을 보았다. 아내가 능력을 십분 발휘하여 함께하는 공동체 사업을 진행한 것이다. 엄마들이 마음을 합하여 움직이는 모습이 참 보기가 좋았다.

자녀뿐 아니라 가족에게도 공동체가 필요하다. 가족은 늘 한결같을 수 없으며 때론 약해질 수도, 악해질 수도 있다. 그럴 때 그 가족이 속한 공동체가 있다면 한결같은 가족으로 살아가는 데 도움이 된다.

가족도 하나가 되기 힘든데 공동체가 하나가 되는 것은 어쩌면 불가능해 보일 수도 있다. 하지만 자녀 양육이라는 공동의 관심사를 가지고 건강한 철학과 방향을 세워가다 보면, 오히려 가족끼리는 안 되었던 일이 공동체에서는 될 수도 있다.

무엇보다 인간은 태어나면서부터 공동체가 필요한 존재이기 때문에 좋은 가족뿐 아니라 가족이 함께 몸담을 수 있는 좋은 공동체가 필요하다. 가족이 아무리 좋다고 해도 가족이 공동체에 속하지 못하면 결국 가족 이기주의로 흐를 수밖에 없다.

당장은 가족 이기주의가 이득이 될 수도 있지만 이것이 사회 전체로 퍼졌다고 생각해보라. 이것을 막을 수 있는 유일한 방법이 공동체이다. 아직 그렇게 늦지 않았다. 한 가족에게 한 공동체가 필요하다는 것을 인식하고 그 공동체의 구심점이 되어보길 권한다.

"You Only Live Once!"

5장

/

욜로 패밀리가 사는 풍경

백윤정 패밀리

—

가족 소개

자기 뱃살만큼 무한 친절한 남편, 좋은 성품이지만 때론 직언 옆차기를 꽂는 태권소녀 첫째, 읽고 쓰기를 잘하지만 스스로 축구를 더 잘한다고 믿는 둘째 아들, 언제나 귀여운 다람쥐 같은 셋째 아들과 함께 살고 있는, 멋진 선생님과 허당 엄마 사이에서 헤매는 백윤정 작가입니다.

이상적인 육아는 없다

이길 때도 있고, 배울 때도 있다.
– 존 맥스웰

완모(완전한 모유 수유)라는 신화

초보엄마들은 완전한 모유 수유를 통해 건강하면서도 남다른 신체 발달을 하는 아기를 키우길 원한다. 아이에게 가장 좋다는 모유 수유에 성공해서 아이가 쑥쑥 자라는 것을 볼 때면 엄마로서 합격점을 받은 것 같아 뿌듯하다. 반대로 이것이 생각대로 되지 않을 때는 종종 우울해지기도 한다.

2007년 3월에 우리 집 첫째가 태어났다. "어찌하여 아무도 나에게 모유 수유가 어렵다는 말을 해주질 않았을까?" 모유 수유는 나에게 완전 신세계였다. 온화한 표정의 엄마가 아기를 품에 안고 눈을 마주친 채 젖을 물리는 사진이 일종의 로망이었는데 실제로는 정말 처절했다. 엄마의 몸에서 만드는 모유의 양과 아기가 먹는 양은 시간이 지나면 저절로 맞춰진다. 하지만 처음에는 잘 맞질 않아 곤혹스러울 때가 한두 번이 아니다.

모유의 양이 많았던 나는 수시로 흘러내리는 모유 덕에 잠깐의 외출도 할 수 없었다. 어쩔 수 없이 외출을 해야 할 때는 양쪽 가슴에 가재수건을 욱여넣어 옷이 아닌 가마니를 입고 외출하는 기분이 들었다.

게다가 나는 한 달에 몇 번씩 유선염으로 고열을 앓았다. 밤에 잠이 들어도 몸이 욱신욱신 쑤셔 깰 수밖에 없다. 이미 모유가 흘러 옷이 축축하게 젖어 있고 그대로 두면 이불까지 젖기 때문에 어차피 잘 수도 없다. 다음 날 이불 빨래까지 하는 건 생각만 해도 끔찍하다.

어쩔 수 없이 아픈 몸을 이끌고 일어나 앉으면 3월인데도 왜 그리 추운지…. 차가워진 옷을 갈아입는 동안 아기는 배가 고프다며 울어댄다. 마음은 급하고 잠은 덜 깨고 깜깜한 어둠 속에서 옷을 갈아입는 손이 바빠진다. 신나게 자고 있는 남편이 얄밉기도 하지만 깨운다고 해서 할 수 있는 일도 없다. 오롯이 내 몫이라는 생각에 그저 울고만 싶어진다.

모유 수유는 첫 한 달이 가장 어렵다. 이 시기가 지나면 온화한 미소로 아기를 바라보며 시선도 마주치고 사진 속의 엄마처럼 모유 수유가 가능해진다. 전투 같은 시절이 있어서 기쁨은 배가 된다.

수유 쿠션에 딱 맞는 앙증맞은 아기를 올려놓으면 발을 꼼지락거리는

데 이 세상 어떤 것보다 귀엽다. 꿀꺽꿀꺽 소리를 내며 젖을 빠는 아기를 바라보는 그 순간만큼은 모성애가 폭발하고 기쁨이 샘솟는다.

당시 나를 가장 힘들게 한 것은 유선염이 아니었다. 병은 시간이 지나면 낫게 될 거라는 생각이 들었다. 하지만 모유 수유나 유선염을 처음 경험해서인지 나는 막연한 두려움을 느꼈다. 그 불안과 두려움의 실체가 무엇이었을까? 아마 모유 수유에 실패할지도 모른다는 두려움이었던 것 같다.

맘 카페나 다른 수많은 정보를 통해 모유 수유의 장점들을 들어왔던 터라 꼭 성공하고 싶었다. 고생 끝에 모유 수유에 성공한 엄마의 글을 보면 어깨가 으쓱으쓱하여 달까지 솟아날 지경이다. 반면 모유의 양이 적어 먹이고 싶어도 먹일 수 없어 분유를 먹이는 엄마들은 마치 죄인이라도 된 양, 의기소침해한다.

나도 그랬다. 이 세상에 태어난 아기의 첫 발걸음을 내가 망치는 것 같았다. 당시 나는 자연분만을 하지 못하고 제왕절개로 낳아 조금 우울해 있었다. 모유 수유 못지않게 자연분만도 중요하다고 생각했기 때문이다. 제왕절개인데도 진통을 1박 2일이나 했다. 진통을 다 하고 제왕절개를 하려니 억울하고 우울한 마음을 금할 수 없었다.

의사가 회진을 하는 중에 간호사가 한 말도 마음에 박혔다.

"어제 가장 고생하신 산모분이세요."

간호사는 고생한 나를 위로하려고 하는 말이겠지만 그 순간 나는 우울감과 절망감과 무력감이 들었다. 아마 임신과 출산 때 날뛰는 호르몬 때문에 이성적으로 생각할 수 없었던 것 같다. 왠지 출발 자체를 제대로 못한 것 같아 마음만 무거웠다.

이후 2번의 출산을 통해 아이를 낳았고 자라고 있는 아이들을 보면서 그때 왜 그렇게 생각했을까 싶었다. 이 글을 읽고 있는 여러분도 혹시 자연분만에 실패했거나 제왕절개를 했는가? 모유 수유를 마치지 못하고 분유로 갈아탔는가? 아무 문제없으니 걱정 마시라.

제왕절개로 태어난 세 아이 모두 지극히 정상적으로 잘 자라고 있다. 생후 60일부터 분유만 먹었던 큰 아이가 신체 발달이 가장 좋은 것은 비밀이 아니다. 우리 자녀들의 데이터가 일반화될 수는 없겠지만 초보엄마들에게 말해주고 싶다.

"괜찮아요. 잘하고 있어요."

처음 엄마가 되는 분들에게

처음 가는 길을 매일 가는 길처럼 능숙하게 다닐 수는 없다. 엄마가 되는 것도 마찬가지이다. 아마 첫 운전대를 잡던 순간을 기억할 것이다. 나는 교통이 불편한 시골로 이사를 와서야 장롱면허에서 벗어났다. 자가용이 없으면 나갈 수 없는 곳이라서 이사 후 곧바로 운전 연수부터 받았다.

벌벌 떨면서 운전대를 잡고 나서서는 내가 과연 차로의 중간으로 가고 있는 게 맞나 싶어 가다가도 차를 세우고 머리를 내밀며 확인하기도 여러 번이다. 옆에 떨어진 쓰레기 쳐다보다가 대문을 긁기도 했다. 후진도 못하는 주제에 좁은 길에서 차를 만나면 잘하는 상대방이 후진하도록 좀 기다릴 것이지 먼저 후진하다가 뒷 범퍼에 커다란 상처를 내기도 하고 주차된 내 차를 빼다가 멀쩡하게 서 있는 옆 차를 긁어 사색이 되어 보험회사에 연락하기도 했다.

이제는 대관령 꼬부랑길 같은 남한산성 꼬부랑길을 지나 분당이나 판교, 심지어 한 시간 이상 걸리는 양주와 인천까지 별 어려움 없이 운전할 수 있게 되었다.

세 아이를 키우면서 초보엄마 시절을 돌아보니, 그때는 왜 그렇게 '반드시 꼭' 그래야만 했던 게 많았나 싶다. 그때는 어째서 내가 누구인지 먼저 돌아보지 못했을까? 우리 아이만의 개성을 먼저 파악하려 하지 않고 남의 이야기에 휘둘렸을까? 동의되지도 않는 육아서적에 매달려 전문가라는 사람들의 손에 내 마음을 맡겼을까?

엄마가 되는 것이 처음이기에 실수해도 괜찮다. 책에서 본 대로 되지 않아도 괜찮다. 누군가에게 들은 대로, 혹은 내가 이상적이라고 생각하는 그 모습대로 꼭 되지 않더라도 괜찮다. 누구에게나 정답인 육아는 없다. 마라톤과 같은 긴 레이스의 육아를 하는 동안 한 가지 틀에만 맞춰서 육아를 할 수는 없다.

이제 막 엄마가 되었거나 얼마 지나지 않았다면 무거운 마음을 내려놓고 마음부터 편하게 갖는 연습을 하도록 하자. 내 마음이 편해야 아이에게 사랑스러움을 가득한 얼굴로 대할 수 있기 때문이다. 그렇게 아이의 손을 잡고 엄마와 아이가 함께 맞춰가는 즐거운 육아를 하자. 어느 순간 내 아이가 참 사랑스러울 것이다. 처음, 엄마의 시작, 그것만으로 충분하다.

아무것도 하지 않으면
아무 일도 일어나지 않는다

할 수 있거나 할 수 있다고 생각하는 무엇이든
그것을 시작하라.
- 괴테

전원생활, 그 시작

우리 집에 놀러 온 사람들이 항상 이런 질문을 한다.

"어떻게 이런 곳에 살게 됐어?"

우리 집에는 삼 남매가 산다. 큰딸과 아래로 남자아이 둘이 있다. 어린 남자아이 둘이 뿜어내는 에너지가 어느 정도인지 딸만 기르는 부모들은 짐작하기 어려울 것이다. 세 살 차이가 나는 우리 집 남자아이들은 각자의 스타일이 있다. 형은 상남자이고 동생은 귀요미 스타일이다. 하지만 둘이 함께 만나면 온 집안이 발칵 뒤집힌다.

뛰는 것은 기본이다. 뛰지 말라는 말은 딱 3초간만 유효하다. 왜 그리

높은 곳에서 뛰어내리는 것을 좋아하는지 우리 집 소파는 의자가 아니라 뜀틀로써의 역할을 더 많이 한다.

유치원 등원을 위해 아파트 복도에 나오면 왜 그리 소리를 지를까? 옆집에 미안해서 입을 막아봐도 그때뿐이다. 오히려 씩 웃으며 옆집 바로 앞까지 뛰어가서 더 크게 소리를 지른다. 옆집과 아랫집을 만날 때마다 "우리 아이들 때문에 시끄럽죠? 죄송해요."를 반복하는 것이 일상이 되어버렸다.

이럴 때 우리 집 둘째이자 장남이 초등학교에 입학해야 할 때가 되었다. 어려서부터 엄마 뒷목을 잡게 하던 아들 녀석이었기에 일반 학교가 아닌 대안학교나 홈스쿨링을 생각하기도 했다.

하지만 내가 하는 일을 모두 그만두고 홈스쿨링을 할 수는 없었다. 물론 아이 셋과 하루 종일 집에서 365일 내내 함께해야 하는 공포가 더 컸다. 잘해낼 자신이 없었다. 괜찮다 싶은 대안학교는 집에서 너무 멀고 학비 역시 부담스러웠다.

그럼 어떻게 하는 것이 좋을까? 고민하며 몇 가지 기준을 잡았다. 첫째는 작은 규모의 학교라서 부모의 가치관을 반영하는 곳이어야 한다. 둘째는 방과 후나 학습 프로그램들이 괜찮은 곳이어야 한다. 마지막으로 도심에서 떨어져 자연과 벗할 수 있는 곳이면 금상첨화이다.

기준을 정했지만 이런 학교가 어디에 있는지는 어떻게 정보를 얻을 수 있는 지 전혀 알 수가 없었다. 그렇다고 포기할 수 없었기 때문에 어떻게 할 수 있을까 계속 생각했다. 그러다 문득 '학교 알리미 사이트'가 생각나 그곳에서 정보를 알아보기로 했다.

이곳에는 초중고의 모든 학교 현황을 확인할 수 있다. 기본적인 학생 수와 학급 수뿐만 아니라 방과 후 어떤 수업이 있고 참여하는 학생 수는 몇 명이고 외국어 수업의 경우 원어민 선생님은 있는지 여부와 학교 도서관에 책은 얼마나 보유했는지 등 말이다.

또 하나 중요한 기준은 을지로로 출퇴근을 해야 하는 남편이었다. 그런 기준으로 지역을 선정해보니 서울 위례 신도시 지역과 가까운 성남의 남한산성 근처에 있는 학교를 알게 되었다. 이 학교는 숲속에 위치한 학교로 유명한 곳이었다.

나와 비슷한 생각을 가진 엄마들에게 각광받고 있는 학교였는데 이 학교에 가기 위해 위장전입을 하는 사람들도 있다고 했다. 하지만 방과 후 과정 등을 꼼꼼히 살펴보고 이런저런 기사도 보고 나니 우리의 형편과는 맞지 않겠다는 생각이 들었다.

조금 더 찾다가 근처의 다른 학교 중에 또 괜찮은 곳을 발견했다. 시골 학교라서 전교생이 80명이 채 되지 않으면서도 병설 유치원이나 방과 후 과정과 돌봄 교실 등이 잘 되어 있는 곳이었다.

두려움 반 기대 반

때는 벌써 9월이라 입학인 3월까지 얼마 남지 않아 당장 집을 구하러 다녔다. 우리가 선택할 수 있는 집은 많지 않았지만 일단 후보지를 세 곳으로 결정했다. 집을 알아본 후 학교를 둘러보았다. 학교는 생각했던 것처럼 작고 아담했다. 그렇게 집과 학교를 보고 나니 우리에게는 결정할 일만 남았다.

우리가 이사하기로 결정한 곳은 산 중턱에 있는 전원주택이었다. 자가용으로 큰 마트에 가려면 20분, 학교 셔틀버스 정류장까지 5분, 지하철까지 20분이 걸리는 곳이었다. 집 앞에 다니는 버스는 드문드문 한 대씩 있었기에 거의 이용할 수 없었다.

하지만 아이들이 생활하기에 좋은 환경을 갖춘 곳이었다. 집 앞에 넓은 마당과 텃밭도 있었고 집 바로 근처에는 계곡도 있었다. 옆집이 하나 있긴 하지만 맞벌이 하는 분들이라 밤늦게 들어오신다. 낮에는 우리끼리 장구치고 북치고 놀아도 되는 곳이었다.

뭔가 거창한 변화를 바라고 이사를 계획한 것은 아니다. 집을 옮긴다고 해서, 학교를 옮긴다고 해서 모든 것이 좋은 쪽으로 변할 것이라고 환상을 품지는 않았다. 그렇긴 했지만 새로운 곳으로 이사를 간다고 생각하니 가슴이 두근거리고 기대가 샘솟았다.

하지만 이런 기대와 달리 내 마음을 심히 누르고 있는 두려움도 있었다. '낯선 환경에 적응을 잘할 수 있을까? 힘들지는 않을까?' 하는 생각이 들었다.

당시 우리는 시부모님 근처에 살고 있었다. 걸어서 채 5분도 걸리지 않은 한 동네에서 살았는데 우리가 이사를 간다고 하는 것을 어떻게 알려야 할까, 속상해하시거나 노여워하시면 어쩌나 하는 두려움도 컸다.

늘 부모님이 이끄는 대로 자랐던 나였고 남편이었기에 우리 아이들의 교육 때문에 다른 곳으로 옮긴다고 말하는 것이 두렵다 못해 무서울 지경이었다. 생각했던 대로 부모님은 이해하기 어렵다는 반응을 보이셨고 내 마음은 참 무거웠다.

도시의 아파트에서 사는 것이 시골의 주택보다 훨씬 편하고, 이사를 가면 직장까지 출퇴근이 너무 멀어 고생만 할 거라고 하셨다. 다 맞는 말이다. 하지만 불편하더라도 자연 속에서 살아보는 것이 우리에게 줄 풍요로움이 있으리라 생각했다. 불편한 곳에 살면서 느끼고 배우는 게 분명 있으리라고 믿었다.

내 아이들에게 주고 싶은 것은 당장 눈앞에 보이는 시험 성적이 아니고, 매일매일 많은 스케줄에 매여 학원에 쫓아다니는 게 아니고, 편안하고 안락하기만 한 삶은 아니었다. 그래서 숲 속에서 살아보고 싶었다. 이 길이 맞는 길이고, 평생 이렇게 살겠다는 거창한 결심이 아니라 뭔가 새로운 일에 도전하는 즐거움을 맛보고 싶었다.

파스칼은 "승리가 아닌 분투만이 우리를 즐겁게 한다. 우리는 사물 자체를 추구하는 것이 아니다. 사물에 대한 추구만을 추구할 뿐이다."라고 말했다. 어떤 일을 시도할 때 반드시 승리하는 것만이 목적이 되지 않는다.

아무것도 하지 않으면 아무 일도 일어나지 않는다. 집을 멀리 옮긴다는 것은 쉬운 일은 아니다. 하지만 크게 어려운 일도 아니다. 하려고 마음을 먹고 찾으면 찾게 된다. 눈에 보이게 된다. 시도했는데 생각만큼, 기대만큼 얻지 못할 수도 있다.

하지만 시도하지 않았더라면 아무것도 얻지 못한다. 망하고 실패하더라도 시도하는 자유를 누려보았는가? 그렇게 시도하면서 맞닥뜨리는 어려움은 충분히 기쁨이고 도전거리이다. 그러면서 나라는 사람도 자라간다. 그리고 그런 나를 보면서 우리 아이들도 함께 자라간다. 부모의 실패도 보고 부모의 도전도 보면서 말이다. 실패하지 않은 사람은 누구일까? 성공한 사람일까? 아니다. 한 번도 도전해보지 않은 사람이다.

여아 부모는 모르는
남아의 언어

아들을 키우며 인생을 알아가다.
– 백윤정

아들이란 존재의 버거움

우리 집에는 여덟 살과 다섯 살의 사이좋은 아들 형제가 있다. 동생은 아직 어려서인지 이제 서서히 남자아이로서의 특징이 나타나는 반면, 큰 아이는 엄마를 뒤흔들어놓는 상남자 스타일이다. 섬세함과는 거리가 멀다.

엄마가 어디를 다쳤거나 아프다고 해도 그러거나 말거나 공감 능력이 떨어진다. 꾸중을 들어도 그때뿐, 마음에 담아두거나 하지 않는다. 밖에서 하루 종일 뛰어 놀아도 지치지 않는다. 마치 전기 모터를 하나 달고 태어난 것 같다. 하나를 가르치면 열을 알면 좋으련만, 하나를 가르치면 이미 가르쳐놓은 하나는 리셋된다.

씻기는 왜 그렇게 싫어하는지 세수를 하고 나왔는데도 아들의 세수 사실은 물과 아들만 알 뿐이다. 네 살 위의 누나는 남동생을 이해하기 어려워 늘 덜떨어진 존재를 대하는 듯 무시하기 일쑤이고 꿀밤은 덤이다.

아들을 둘 이상 키우는 엄마들의 공통점은 무엇일까? 마트에서 어디선가 큰 소리가 난다. 아이는 장난감 코너에서 발버둥 치고 있고 엄마는 그런 아이를 달래다가 점점 목소리가 올라간다. 급기야는 옆에 사람이 있든 없든 큰소리로 아이에게 소리를 지른다. 이런 경우 열에 아홉은 남자아이이다.

방과 후 집에 돌아와서 조곤조곤 대화를 나누는 엄마와 딸의 아름다운 모습이 마냥 부럽기만 하다.
"오늘 유치원에서 무슨 일이 있었니? 누가 결석했니? 재밌던 일은? 선생님이 뭐라고 하셔?"
"지영이가 아파서 안 왔어. 지석이는 선생님한테 혼났어. 밥도 안 먹고 뛰다가 식판을 엎었거든."

이 같은 상황이 아들과 이어지면 이렇다.

"오늘 잘 다녀왔어? 재미있었어?"
"…."

"아들? 아들! 야! 어디 간 거야?"

아들은 이미 사라지고 엄마의 얘기는 허공을 맴돈다. 아들로부터 학교나 유치원에서 있었던 정보를 시시콜콜 듣기는 정말 어렵다. 오죽하면 초등학교 1학년 아들을 가진 엄마들은 같은 반 딸 가진 엄마와 친해져야 한다는 이야기가 있을까? 그 집 딸이 학교에서 있었던 모든 일의 정보통이 되어주는 것이다.

보통 아들이 둘 이상 되는 집의 엄마는 알아보기 쉽다고 한다. 아이들에게 말하는 엄마의 목소리 크기부터 다른 것이다. 뿐만 아니라 매가 집안 곳곳 여러 곳에 장착되어 있는 경우가 많다.

어느 일요일, 교회에 간 우리 가족은 점심 배식을 기다리며 줄을 서고 있었다. 우리 아이들에게 "똑바로 줄 서. 수저 챙기고." 이 두 마디를 했을 뿐이었는데 배식을 하던 젊은 청년들과 뒤에 줄을 서서 기다리시는 분들의 시선이 일제히 나를 향하는 것이다.

그러면서 하는 말들. "어머, 엄마가 참 여성스러운 분인 줄 알았는데…. 호호호." 내가 그렇게 목소리가 컸나 싶을 만큼 사람들의 놀란 토끼 눈에 내가 더 놀랐다. 영락없이 아들 가진 엄마의 목소리였나 보다.

물론 아들도 아이마다 그 강도와 상황이 다르기에 일반화하기에는 어려움이 있겠지만 대체적으로 남자아이들은 산만함과 더불어 대화가 잘 안 된다는 특징이 있다. 이런 아들과는 어떻게 대화하는 것이 좋을까?

엄마의 착각은 금물

"엄마, 오늘 학교에서 어떤 애가 나한테 이렇게 말했어. 야! 넌 수학 반장인데 왜 수학도 못하냐?"

학교에서 돌아온 아들의 이 말을 듣는 순간 내 마음은 이미 속상함으로 얼룩졌다.

'뭐? 어떤 놈이 남의 아들한테 대놓고 저렇게 말을 하지? 아, 우리 아들 상처받았겠다. 어쩌나, 위로를 해줘야 하는데….'

그런데 이상하게 아들의 표정은 별로 시무룩하지 않고 오히려 밝아 보이기까지 했다. 이건 무슨 황당한 시추에이션인가? 그리고 이어지는 아들의 말에 웃음보가 터졌다.

"그래서 엄마, 내가 이렇게 말해줬지. 어쩌라고, 저쩌라고, 돼지 먹고 살찌라고!"

얼굴 한가득 의기양양함이 넘친다. 라임까지 맞춰가면서 신나게 자랑한다. 아들이 진짜 하고 싶었던 말은 내가 속상함을 느꼈던 앞의 말이 아니었다. 자기에게 창피를 준 친구에 맞서 당당하게 이겼다는 뒷말이었다.

아들이 말하려는 바를 알지도 못한 채 내 기준으로 아이의 말에 감정이입을 한 것이다. 왜 그랬을까? 정작 아이는 아무렇지도 않았던 말에 내가 왜 먼저 상처받고 속상했을까?

　수학은 내가 학창 시절 참 힘들었던 과목이다. 수학을 못한다는 게 나의 컴플렉스였다. 아이가 수학을 못한다는 말을 들었다는 얘기에 괜스레 내 학창 시절의 힘들었던 것까지 이입시켜 필요 이상으로 슬퍼하고 필요 이상으로 추측하며 필요 이상으로 아이를 위로하려 하고…. 한마디로 나 혼자 쌩쇼한 거다.

　아들은 아무렇지도 않다. "어쩌라고, 저쩌라고, 돼지 먹고 살찌라고~"를 외치며 온 집안을 뛰어다니면서 낄낄거린다. 그런 아들을 보고 있자니 헛웃음이 난다. '내가 이런 놈을 키우고 있구나.' 그리고 내 마음의 소리도 들어본다. '아들에게 헛다리를 많이도 짚고 있구나.'

　남자아이들의 대화에는 유머가 있으면 좋은 것 같다. 특히 유치원, 초등 저학년 남자아이들의 경우는 더욱 그렇다. 남자아이들은 똥이나 방귀 같은 더러운 얘기를 참 좋아한다. 생각해보니 어른이 된 남자도 마찬가지인 것 같다. 기본적으로 남자들에게 있는 특징인가 싶기도 하다.

　심각하게 훈육을 해야 하는 상황이 아니라면 아이와의 대화에 유머를 더해보면 어떨까? 아이와의 대화가 즐거워지면 아이는 엄마를 더 좋아하게 될 것이고 자연스럽게 관계의 만족도도 증가할 것이다.

　우리 아들은 한창 "도깨비 빤스에 해파리 오천 마리, 만지면 물컹물컹,

튀기면 바삭바삭, 먹으면 우웩!" 이 짧은 노래를 좋아했다. 그 노래가 시작되면 엄마인 나도 눈을 반짝이며 같이 신나게 부른다.

가족들의 이름을 돌아가면서 넣는다. 그 사람을 생각하면서 부르면 정말 웃기기도 하다. 그래서 부르는 동안 서로의 얼굴을 쳐다보며 깔깔거리기도 하고 놀리기도 하면서 한바탕 부르고 나면 서로의 기분도 자연스럽게 좋아진다. 혼자 할 때보다 엄마가 함께해주면 아이들의 얼굴에 기쁨이 배가 되는 것이 눈에 보인다.

과장을 조금 덧붙여 남자아이들의 말은 90%는 헛소리이다. 너무 진지하게 받아들이지 않아야 하는 말이 참 많다는 얘기다. 엄마는 아이의 말에 쿨하게 반응할 필요가 있다. 아이는 괜찮은데 엄마의 감정이 먼저 앞서가서 아이를 닦달하는 것도 조심해야 한다. 남자아이들의 감정은 엄마의 감정과 다를 때가 종종 있다. 함께 공감해주고 아파해주기보다 뒤에서 조용히 바라봐주는 것이 오히려 도움이 되기도 한다.

엄마에게는 이해가 안 될 때가 많은 아들이지만 달라서 더 사랑스럽다. 알아가는 재미가 있다. 내 속을 시끄럽게 해도 사랑하는 남편을 닮은 사랑스런 녀석임에는 분명하다. 아들 가진 모든 엄마들의 분투와 노력에 존경을 표한다.

때때로 사람이 아니고 동물을 키우는 기분이 들지만 그렇게 속을 뒤집어놓던 아들이 멋진 청년으로 자라날 것을 기대하면서 오늘도 엄마는 달리고 또 달린다.

엄마의 정보력보다
아이의 생명력이 중요하다

자녀 교육의 핵심은 지식을 넓히는 것이 아니라
자존감을 높이는 데 있다.
– 레프 톨스토이

자존감이 핵심이다

정진이는 학교에서 모범생으로 소문난 초등학교 4학년 남자아이이다. 영어, 수학 등 학과목 점수가 뛰어날 뿐 아니라 바이올린 연주 실력도 갖추었다. 게다가 수영과 축구까지 잘하는 그야말로 팔방미인이다.

정진이의 하루는 꽤 빡빡한 스케줄로 짜여 있다. 학교가 끝나면 월수금은 영어학원, 화목토는 수학이다. 수학은 일반 수학과 사고력 수학으로 나눠서 배우기 때문에 같은 과목이라도 다니는 학원은 각각이다.

좋은 수학학원을 찾다 보니 집 근처에는 없어서 대치동으로 다니고 있다. 학원이 끝나면 바이올린 수업을 받는다. 토요일이 되면 축구클럽에서 뛰고 1주일에 2번 코치님의 도움을 받아 수영도 한다. 해야 할 것들은 많은데 시간은 한정되어 있으니 엄마의 라이딩 도움은 필수이다. 학교가 끝나는 대로 엄마의 차에 올라타 영어 CD를 들으면서 영어학원 숙제를 한다. 그사이 엄마는 정진이가 미처 챙기지 못했을 학원 숙제들을 점검하면서 함께한다.

요즘은 엄마의 정보가 중요하다고 하는 시대이다. 아이 학교 엄마들과 이야기를 나누다 보면, 자연스럽게 알게 되는 것들이 있다. 아이가 무슨 공부를 하는지, 어떤 학원을 다니는지, 요새 유명하다고 뜨는 학원은 어디인지 등이다. 이런 이야기를 듣다 보면 내가 우리 아이를 너무 방치하면서 놀게 하는 것은 아닌지 불안감이 엄습한다.

아이 교육을 위해서는 엄마의 정보력과 할아버지의 재산과 아빠의 무관심이 필수라는 이야기도 있는데 말이다. 우리 아이를 위한 엄마의 노력, 이게 최선인걸까?

얼마 전 세상을 놀라게 한 뉴스가 있었다. 10월 26일 발생한 '부산 일가족 피살 사건'의 용의자 신모 씨(32)와 잔인하게 살해된 조모 씨(33)는 서로 동거한 사이로 밝혀졌다. 경찰은 미혼여성인 조 씨와 용의자 신 씨가 지난해 10월부터 올해 8월까지 부산과 경남 양산에서 동거 생활을 하다 최근 헤어진 것으로 보인다고 밝혔다. 경찰은 신 씨와 조 씨의 동거 등 교제하는 것에 대해 조 씨 가족들이 반대하고 조 씨가 결별을 고하자 극단적 선택을 한 것으로 보고 있다.

요즘은 종종 이러한 이별 범죄에 관한 끔찍한 뉴스를 볼 수 있다. 이렇게 범죄를 저지르는 사람들을 분석해보면 대체로 상대방이 나를 거절한 것에 대한 참을 수 없는 분노를 느끼는데, 특징적인 것은 이런 사람들의 경우 자존감이 매우 낮다는 것이다. 자존감이 낮은 사람들은 남들은 별것 아닌 것으로 받아들이는 일에도 저 사람이 나를 무시해서 그렇다며 상대방의 의도를 곡해하는 경우가 많다.

이별의 경우도 마찬가지이다. 이별을 고하는 상대방 때문에 나의 자존감이 바닥을 치며 나 같은 것은 더 이상 사랑받을 수 없다는 극단적 생각에까지 이른다. '네가 나를 버리면 이제 나는 끝이다.'라는 생각이 범죄에까지 이르게 한다.

우리 아이를 어떤 아이로 기르고 싶은가? 부모의 철학에 따라 다양한 대답이 있을 수 있을 것이다. 나는 무엇보다 생명력이 있는 아이로 기르고 싶다. 여기서 생명력이란 높은 자존감을 가지고 실패해도 다시 일어서는 힘을 가진 것으로 정의하려 한다.

먼저 자존감이 높은 아이가 되려면 어떻게 해야 할까? 생각보다 답이 아주 쉽다. 부모가 충분한 사랑을 주고 자녀가 그 사랑을 느끼면 된다. 그중에서도 집안의 가장의 권위를 갖고 있는 아빠의 사랑과 인정이 자녀의 자존감을 높이는 데 매우 중요하다고 한다.

너무 답이 뻔해서 '자기 자식 안 사랑하는 부모도 있나.'라고 생각하기 쉽지만 곰곰이 자신의 어린 시절을 돌아보라. 부모님에게 충분한 사랑을 받았는가 자문해보라. 우리는 누구나 부모님이 나를 사랑하셨음을 안다. 그렇지만 내가 정말 충분한 사랑을 받는다고 실제로 느꼈는지는 별개의 문제이다.

어린 시절 나는 아주 평범한 집안에서 자랐는데 집도 그다지 넉넉하지 않아서 배우고 싶었던 수영을 끝끝내 배우지 못한 게 기억에 남아 있다. 그러나 어린 나에게는 그 어떤 귀한 것과 비교해도 바꿀 수 없는 소중한 보물이 있었는데 그것은 나를 끔찍이 사랑해주는 아빠였다.

아빠는 그 시절, 야근을 자주 하고 낮에 들어오셨다. 그러면 피곤해서 주무실 만도 한데 동생과 나를 앉혀놓고 재미난 동화 얘기도 들려주시고 우리와 함께 놀아주시곤 했다. 아빠는 늘 나와 함께 놀아주셨고 아빠의 그런 모습은 내게 '너무 사랑해.'라는 말로 들려졌다.

그 기억은 내 평생을 지탱할 수 있는 힘이 되었다. 나는 사랑받을 만한 가치가 있는 아이라는 힘. 나는 사랑 받아 마땅하다는 이 생각은 내 인생을 이루는 바탕이 되어 실패의 순간에도 나를 절망에 빠지지 않도록 지켜주었다. 소개팅에서 만난 한 남자가 나를 거절하는 일이 있었어도 내가 정말 못난 사람이라고 되새기는 어리석음을 막아주었다.

부모가 아이를 사랑하면 표현하게 되어 있다. 말이든 스킨십이든 행동이든 말이다. 그리고 아이는 부모의 사랑을 귀신 같이 알아차린다. 억지로 '사랑해.'라고 하는지, 가슴에서 우러나와 '정말 사랑스러워.'라고 하는지 말이다. 아이들은 누구나 사랑받아야 한다. 사랑 받고 싶어 태어난다. 그리고 그렇게 사랑받으며 자란 아이들은 건강한 사회인으로 자란다.

아이의 회복 탄력성

나는 우리 아이들이 실패해도 다시 일어서는 힘을 가졌으면 좋겠다. 이 세상은 호락호락하지 않고 수많은 실패를 경험할 수밖에 없기 때문이다. 전교에서 1등 하던 아이가 1등을 한 번 놓쳤다고 자살을 시도하는 그런 끔찍한 일은 없어야 하지 않을까?

실패해도 다시 일어나기 위한 첫 번째 힘은 앞에 언급한 높은 자존감이다. 자존감이 높은 아이에게 다음으로 필요한 것은 작은 실패와 작은 성공의 기회를 여러 번 갖는 것이다. 아이가 어릴 때는 매사에 너무 승승장구하는 것이 좋은 것만은 아니다. 훗날 하게 될 단 한 번의 실패가 아이를 완전히 무너뜨릴 수도 있기 때문이다.

우리는 흔히 실패는 사람에게 패배감을 안겨주기 때문에 좋지 않다고만 생각한다. 하지만 아이 때에 하는 실패는 부모가 옆에서 어떻게 코치해주느냐에 따라 소중한 밑거름이 될 수 있다.

'실패했을 때에 감정은 이런 거구나. 화가 나기도 하고 슬프기도 하고 다시는 시도하고 싶지 않기도 하는 거구나.' 그때 부모는 실패에 대해 코칭을 해줄 수 있다. '그런 감정이 생기는 건 자연스러운 거야. 속상하고 힘들지?'라고 말하고 안아주면 된다.

아이의 기분이 좀 가라앉고 나면 왜 실패했는지 이유도 함께 분석해보면서 그것을 딛고 일어나도록 도와줄 수 있다. 그리고 그것을 성공으로 연결시킬 수 있도록 함께 전략도 짜고 다른 방법을 시도할 수 있도록 용기를 준다.

우리는 모두 실패를 통해 여기까지 왔다. 이 세상에 태어나 실패 없이 산 사람은 아무도 없다. 그런데도 우리는 아직도 겁낸다. 게다가 내가 아니라 내 아이가 하는 실패는 더 봐줄 수가 없다. 내 아이보다 내가 더 아프니까. 그래서 요새는 부모가 결혼한 자식도 생활비며 집이며 대주면서도 더 해주려고 하나 보다. 하지만, 그런 자녀가 정말 부모님께 감사하는 경우는 얼마나 될까?

아이를 사랑한다면, 실패해도 다시 일어서는 아이로 자라게 하자. 생명력을 가진 아이로 자라게 하자. 부모가 더 이상 자신을 받쳐주지 못하는 때가 오더라도 아이는 툭툭 털고 일어나 앞으로 나아갈 것이다. 우리는 결국 그런 아이를 보고 싶은 것이 아닌가!

들어주고 인내하고
기다리는 부모

실패로부터 배운 것이 있다면 이 또한 성공이다.
– 말콤 포브스

잘하는 것이 때론 문제의 원인이다

고등학교에서 영어를 가르치는 나의 교원평가는 꽤 괜찮은 편이다. 그 중에 몇 가지만 자랑하고 싶다. '갓윤정쌤!', '정신무장을 일단 시키고 난 후 진도를 쭉쭉 빼주심.', '친절하심.', '2학기 때도 계속 배우고 싶어요.', '영어 성적 많이 올랐음.'

나는 부모로서 우리 아이를 가르치는 것도 꽤 괜찮게 할 수 있을 줄 알았다. 그것이 착각인 것을 깨닫기까지는 오랜 시간이 필요하지 않았지만 말이다.

요즘 부모들에게 많은 관심을 받고 있는 것은 유대인들의 교육법이다. 유대인은 전 세계 인구의 0.25%밖에 안되는 소수이지만 노벨상 수상자의 22%를 차지한다. 특히 노벨 경제학상 수상자는 전체의 약 40%를 차지할 정도라고 한다.

유대인 부모들의 특징으로 내가 인상적으로 기억하는 것은 아이의 말에 대한 경청이었다. 부모가 먼저 아이의 말을 경청하고 아이로 하여금 경청하는 태도를 배울 수 있도록 교육하는 것이다. 하지만 아이의 말을 들어주고 기다려주는 것은 생각보다 쉽지 않은 일이다.

나는 아이들의 이야기를 들어주기보다는 주로 지시했다. 부모는 바른 것을 가르쳐야 한다는 생각에만 사로잡혀 있어서 정작 보아야 할 아이 자체는 보지 못했던 것이다. 교사로서 학생들 앞에서 섰을 때는 학생들의 말을 경청했던 내가 왜 내 아이들의 말은 듣지 못했을까? 왜 아이가 내 말을 듣지 않을 때 필요 이상으로 화를 냈던 것일까? 곰곰이 이유를 생각해봤다.

학생들을 가르칠 때는 그 학생이 조금만 잘해도 칭찬을 하게 된다. 그 학생에 대한 내 기대치가 정해져 있지 않기 때문에 조금만 발전한 모습을 보여도 폭풍 칭찬을 할 수 있다. 하지만 내 자식의 경우라면 말이 달라진다. 내 자식은 최고여야 한다는 욕심이 있기 때문이다. 조금 발전한 모습을 보인 것으로는 엄마의 기대에 차지 못한다. 자꾸만 채찍질을 가하게 된다.

학생을 가르칠 때는 한 발짝 떨어져서 객관적으로 상황을 볼 수 있지만 내 자식 앞에서는 이성과 객관성을 상실한 채 나의 욕심과 감정이 먼저 날뛰고 있었다는 걸 알게 되었다.

기다림이 힘든 이유

그렇다면 왜 부모는 아이의 말을 들어주고 기다려주기 힘든 걸까?

첫째, 그것은 부모의 희생이 필요하기 때문이다. 참는다는 것 자체가 희생이다. 인간의 본성을 거슬러서 참고 인내하는 것이 쉬운 일이 아니다. 아이의 변화는 더딘데 그것을 견딜 수 있는 힘이 부모 안에 넉넉히 있지 않을 때 기다려주는 일 자체가 어렵게 된다.

둘째, 다른 아이와의 비교를 먼저 하게 되기 때문이다. 부모도 사람인지라 우리 아이와 다른 아이의 모습이 자연스럽게 비교가 된다. 아이가 아주 어릴 때는 체중이나 키에서 비교가 시작되어 학교에 가는 나이에 이르면 성적에 이르기까지 말이다. 성적이 아니라면 아이들의 성품이나 태도를 비교하기도 한다. 부모가 아무리 말을 해도 아이가 변화하지 않는 것 같아 기다리지 못하고 다그치게 된다.

우리 큰딸은 영어를 가르치는 엄마를 만나 고생을 했다. 잘하는 아이를 기준 삼아 아이를 바라봤기 때문에 내 맘에는 늘 조급함이 있었다. 교사 엄마를 둔 아이들의 고생이 여기에 있다. 결국 엄마 욕심이라는 걸 알기까지는 몇 년의 세월이 필요했다.

나는 영어가 좋아서 영어를 가르치는 사람이 되었다지만, 우리 딸은 영어보다 예체능을 더 좋아하고 잘하는 아이였다. 그런 딸에게 다섯 살부터 영어 학습지를 들이밀었다. 처음에는 아이가 방문 선생님의 수업을 좋아한다는 것이 이유였다.

하지만 단계가 높아질수록 아이는 힘들어했다. 여기서 그만두면 포기하는 것 같아서 무식하게 밀어붙이기를 초등 1학년까지 했나 보다. 결국 아이와의 씨름이 계속되고 나의 짜증이 폭발하면서 방문 영어 학습은 그만하게 되었다.

지금 와서 돌아보니 어린 시절 영어를 가르치지 않았더라면 더 좋았겠다는 마음이 있다. 오히려 영어에 대한 두려움을 주고 하기 싫다는 마음만 실컷 심어준 셈이 되어버렸으니 말이다.

그렇게 1학년 초에 영어 학습을 중단한 큰딸은 계속 영어에 대한 거부감을 보였다. 본인이 영어를 못한다고 생각했다. 사실 못하는 것도 아니었는데 교사인 엄마의 너무 높은 기대치에 늘 주눅 들어 있었던 것이다. 나의 모습을 반성하면서 아이의 입장을 들어주기로 했다. 영어를 힘들어하기에 그냥 다 관두고 오랜 시간을 보냈다. 지금까지 배웠던 모든 것이 다 무용지물로 돌아갈 것을 생각하면 시간도 돈도 모두 아까웠지만 그게 중요한 게 아니었다. 아이와의 관계까지 틀어질 수 있는 심각한 상황이었다.

학습을 모두 중단한 1년여 동안 나는 나대로 고민하는 시간을 보냈다. 속상한 마음을 다스리면서 공부라는 스펙트럼을 통해 딸을 보지 않고 그냥 우리 아이 자체로만 바라보려 애썼다. 그러면서도 우리 아이에게 맞는 영어 공부의 다양한 다른 접근법을 생각하는 시간을 가졌다. '조금 더 쉽게 재밌게 학습할 수는 없을까? 우리 아이의 특성은 어떤 걸까? 어떤 방법이 우리 딸에게 맞는 걸까?' 그러면서 몇 년에 걸쳐 좀 더 쉬운 학습지, 동화를 읽어주는 동영상 보기, 영어 동화 읽기 등등의 방법을 조금씩 제시했다. 아이가 힘들어하면 몇 개월씩 쉬다가 다시 다른 방법을 찾아 아이와 함께 공부했다.

그러는 사이 나는 오히려 더 큰 것을 얻게 되었는데 그것은 바로 아이를 더 깊이 사랑하게 된 것이다. 학습이 잘 안되는 것을 통해 고민하고 힘들어하면서 아이의 말에 귀를 기울이게 되었고 그러다 보니 아이의 마음을 알게 되었다. 그렇게 아이에 대한 이해가 깊어지다 보니 아이를 좀 더 깊이 사랑하게 되었다. 아이가 사랑스러워서 그 사랑을 표현하다 보니 학습 때문에 생겼던 문제는 자연스럽게 작아져갔다. 열세 살인 딸은 현재 본인 스스로 조금씩 동영상 강의를 보면서 영어를 배워가고 있다. 천천히 말이다.

영어 학습이 잘되지 않아 씨름하는 시간을 통해서 나는 부모로서의 인내를 조금 맛보았다. 아이가 엄마가 제시하는 대로 잘 따라서 했더라면 알지 못했을텐데…. 귀한 것을 깨달을 수 있게 해준 딸에게 참으로 고맙다. 첫딸로 태어나 엄마의 무수한 시행착오와 실험을 온몸으로 받아낸 아이에게 진심으로 미안하고 고맙다.

아이가 더디 자라는 것은 당연하다. 부모인 우리도 그렇게 자랐을 것이다. 하나의 인격을 갖춘 인간으로 성장하는 것을 지켜보면서 기다리고 인내하는 부모가 되어야 하지만 부모들은 종종 이 사실을 망각한다.

부모는 아이와 함께 자란다. 그 과정에서의 기다림과 인내의 시간은 쓰지만 그로 인해 맺히는 열매는 달콤하다. 변하지 않을 것 같은 아이들 때문에 애간장을 태우지만 시간이 흐르면 아이는 자연스럽게 성장한다. 이 성장의 일정 부분은 부모에게 달려 있다.

아이를 키워보니 5학년만 되어도 부모 손을 많이 떠났음을 느낀다. 혼자 있고 친구들과 있는 시간이 급격히 늘어난다. 그래서 두 아들들이 속을 썩여도 그저 예쁘고 사랑스럽다. 얼마 남지 않은 시간임을 알기 때문이다.

부모를 진짜 부모 되게 하기 위해 태어난 세 아이들 덕분에 엄마는 오늘도 자란다.

태권도 국가대표가 되고 싶어요

– 초6 함은율

예의, 인내, 염치, 극기, 백절굴불
– 태권도의 5대 정신

인생 운동 태권도를 만나다

나는 어렸을 때부터 태권도를 꾸준히 배워왔다. 어린이집 다닐 때부터 시작해서 초등학생인 지금도 태권도를 하고 있다. 여덟 살 때까지만 해도 태권도에 재미를 느끼지 못했었는데 그 이유는 처음 다니던 태권도 학원에는 주로 고학년들이 많아서였다. 나는 딱히 할 동작이 없었고 그러다 보니 태권도 학원에 가기만 하면 지루하고 사범님 관장님들은 무서웠다.

아홉 살 때 이사를 온 뒤 다른 태권도 학원으로 옮기면서 여자 사범님들을 만나고 태권도에 흥미가 생기면서 나중에는 시범단에도 들어가게 되었다. 시범단에서는 일반부와는 다르게 여러 어려운 발차기, 태권도 동작들을 배우고 시범 준비, 대회 준비 등을 했다. 대회를 준비할 때는 혼도 많이 나고 태권도 시간 이후에도 남아서 몇 시간씩 연습을 하게 되니까 다리도 너무 아프고 땀도 너무 많이 나서 힘들었다. 하지만 시범을 깔끔하게 마치고 대회에서도 금메달을 땄을 때 너무 기뻐서 꼭 태권도 국가대표까지 되고 싶다는 생각을 했다.

처음 시범단에서 옆돌기, 한 손 옆돌기, 여러 발차기 기술 등을 배울 때에는 넘어지고 다치고 연습해도 잘되지 않아서 힘들었다. 옆돌기는 팔을 바닥에 대고 발을 공중으로 크게 원을 돌며 도는 것이다. 처음 보았을 때는 저런 동작이 어떻게 가능한지 입이 벌어질 정도였다. 하지만 열심히 연습해서 그 기술들을 성공했을 때 정말 내가 이때까지 열심히 연습한 게 다 헛되지 않았다는 것이 정말 기뻤다. 이젠 한 손 옆돌기도 시도하고 있는데 같은 동작을 한 손을 짚고서 하는 것이라서 좀 더 난이도가 있다.

태권도 자체를 통해 얻는 성취감도 크지만, 지난 몇 년 동안 태권도를 하면서 좋았던 점은 태권도장에 가면 만나는 좋은 친구들이었다. 그 친구들은 다 같은 학교 친구들이었는데 제일 기억에 남는 친구들은 영은이와 가현이 그리고 령희 언니이다.

나보다 그 태권도장에 먼저 다니던 친구들이라서 어려운 기술들을 쉬는 시간에 알려주기도 하고 내가 힘들어하는 것들을 친절하게 도와주었다. 내가 지금까지 태권도를 좋아하고 또 태권도 선수라는 꿈을 꾸게 해준 것에는 그 친구들의 몫이 크다.

　나는 2학년 때 남들보다 성장이 조금 더 빨라서 잠깐 치료를 했었다. 주사약의 부작용으로 먹는 게 그대로 체중이 되어 살이 찌기도 했다. 그 일로 엄마는 고민 끝에 치료를 중단하기로 결정하셨다. 그 대신 더 열심히, 꾸준히 태권도를 하기로 결심했고 그 덕분인지 더 이상 살도 찌지 않고 키도 많이 커서 걱정하지 않고 나에게 주어진 것에 감사하며 즐겁게 태권도에 매진할 수 있었다.

　국기원에 한 번 가면 돈이 많이 들었고 시범단에서 대회에 나가면 내야 했던 간식비, 참가비 등 부모님이 부담하신 금전적인 부분도 많이 있었다. 늘 부모님은 재정이 넉넉하지 않다고 하셨는데도 지금까지 부모님이 나를 믿어주시고 응원해주신 덕분에 내가 지금까지 태권도를 할 수 있었던 것 같다. 그 점에서 부모님께 참 감사드린다.

더 높은 꿈을 향해

　내가 시범단이어서 그런지 전문 시범단의 공연을 관람하는 것을 참 좋아한다. 그중에서도 우리 학원 태권도 사범님께서 계시던 '놀자'라는 시범단 공연을 제일 좋아한다.

　'놀자' 시범단의 공연에서 선보이는 멋진 태권 체조들과 여러 화려한 기술들을 보면서 정말 나도 나중에 열심히 해서 꼭 저런 자리에 서고 싶다는 생각을 했다. 아무렇지도 않게 하늘을 날아올라 송판을 깨부수는 모습을 보면 나도 그런 발차기를 하고 싶다.

나는 땀 흘리며 노력하는 선수들이 정말 멋지다고 생각한다. 내가 좋아하는 선수이자 롤모델은 이대훈 선수인데 이번 2018 아시안 게임에서 아시안 게임 3연속 금메달을 땄고 내가 다른 기술들보다 조금 더 못하는 겨루기를 굉장히 잘해서 꼭 내가 닮고 싶은 선수이다. 나도 이대훈 선수같이 훌륭한 선수가 되고 싶다.

그 후에는 해외에서 태권도로 봉사하고 싶기도 하고 여러 사람들이 재미있게 태권도를 할 수 있도록 돕고 싶다. 내가 다니던 태권도 관장님께서도 해외로 태권도 선교를 많이 나가셨다. 지금은 싱가포르에서 태권도를 가르치고 계시다. 나도 태권도를 통해 세계로 나갈 수 있다고 생각하니 가슴이 뛴다.

앞으로 나는 멋진 태권도 선수가 되기 위해서 핸드 스프링 등 더 다양한 여러 기술들을 배울 것이다. 그리고 세계적인 국가대표가 되어서 올림픽과 여러 대회들에서 멋지게 태권도인으로서 태권도를 빛내고 싶다.

내가 사랑하는 태권도가 얼마나 멋진 운동인지 전 세계인들에게 보여주고 싶다. 강인한 정신력과 강한 기술을 통해서 말이다. 10년 후, 태권도 국가대표 함은율! 상상만 해도 너무 행복해진다.

자녀 교육, 부모의 소신이 중요하다

시골학교로 이사 온 후 큰아이는 초등 고학년이 되었다. 5학년 때는 즐겁게 학교생활에 적응하는 일에 집중했다면, 6학년이 되자 학업에 대한 걱정이 자연스럽게 시작되었다. 야심차게 전원생활과 시골학교에 대한 로망을 가지고 이사를 왔지만 학업에 도시 아이들에 비해 처지지 않을까 하는 걱정이 스멀스멀 올라왔다. 집에서 차로 20분이면 위례 신도시이다. 일을 끝내고 퇴근길에 몇 군데 학원에 들렀다. 첫째, 거대한 상가 건물에 족히 30-40개는 되어 보이는 각종 학원들의 간판에 놀라고, 둘째, 수학학원도 학년과 가르치는 내용에 따라 여러 종류라는 사실에 놀랐다. 상담 후, 내가 마치 쌩쌩 달리고 있는 고속도로에서 그 사이에 끼어들기 위해 기다리는 경차 같다는 느낌이 들었다.

며칠 동안은 폭풍 같은 감정들이 들어왔다 나갔다를 반복했다. 벌써 늦었다는 뉘앙스의 상담을 받고 오니 파도치는 내 마음을 내가 어찌할 수 없었다. 현실적인 문제들을 고려할 때 1주일에 3-4번씩 아이를 데리고 그곳까지 데려다주고 데리고 오기를 반복하기는 어려웠다. 우리 아이의 성향을 생각할 때 혼자 공부하는 것보다는 옆에서 자극을 주는 친구들과의 교류가 필요했다. 수학은 어느 정도의 선행 학습이 필요하다고 판단했고 영어도 지금처럼 하다 안 하다를 반복해서는 안 되겠다는 결론에 이르렀다. 문제는 이것을 학원에 의존할 것인가 아닌가를 결정하는 것이었다. 거리도 멀고 학원비도 만만치 않았다. 엄마표 영어는 계속해서 시도해왔지만 한 번도 3개월 이상 지속된 적이 없다.

　　뭔가 새로운 방법이 필요했다. 수학은 우선 예전에 수학학원에서 아이들을 가르쳤던 아빠의 도움을 받기로 했다. 아이 공부를 봐주는 것에 미적거리던 남편을 설득했다. 한 학기를 앞서 6학년 2학기 수학 문제집으로 매주 토요일에 공부하기로 했다. 엄마와의 공부는 여러 번 시도하고 여러 번 실패했지만, 아빠와의 공부는 첫 시도였다. 다행히 엄마와 하던 때와는 다르게 현재까지 잘 따라오고 있다.

　　문제는 영어였는데 앞에서도 계속 밝혔다시피 엄마표 영어는 이미 여러 번 시도했고 시도하는 족족 큰 성과 없이 흐지부지 끝났다. 이제는 새로운 방법을 시도해야 했다. 엄마인 내가 포기하지 않도록 약간의 강제

력도 필요했다. 그래서 고심한 끝에 근처에 사는 딸의 친구를 함께 가르치기로 했다. 물론, 무료로 말이다. 딸의 친구는 실력이 비슷하기도 해서 선의의 경쟁을 하기에도 적합하다. 게다가 내가 피곤하다고 수업을 미룰 수도 없다. 내 예상은 잘 맞았다. 계획했던 대로 아이들은 단어도 암기하고 시험도 보고 서로에게 자극을 주면서 성장하고 있다. 혼자 하는 공부보다는 같이 하는 게 우리 아이 성향에 잘 맞다는 것을 알기에 잘한 결정이라는 생각이 든다. 또한 아이 친구에게 도움을 줄 수 있으니 마음도 뿌듯하고 말이다.

가족마다 다른 형편이 있을 것이다. 학업에 대한 목표치도 부모마다 다를 것이다. 우리 가정의 상황에서 가능한 것은 무엇인가? 내 아이의 성향은 어떠한가? 우리 아이가 어느 수준까지 공부하길 원하는가? 이러한 물음을 잘 정리한 뒤에는 될 때까지 여러 가지 방법을 계속 시도해보라.

재정 위기, 인내 그리고 또 인내로 극복하다

결혼한 지 1년이 조금 넘었을 때, 남편이 아는 사람에게 사기를 당해 큰돈을 잃게 되었다. 첫째 아이가 돌도 되지 않았을 무렵이라 육아만 해도 버거운 때에 가정 경제까지 휘청거리게 된 것이다. 게다가 당시 남편은 직장까지 안정적이지 못했다. 아이는 태어났고 빚은 생각지도 못하게 어마어마하게 생겼으며 설상가상으로 남편의 일자리도 시원찮았던 그때, 당장 먹고살 돈이 필요했기 때문에 나는 젖먹이 아이를 할머니에게 맡기고 밤 11시에나 끝나는 영어학원에서 일을 했고, 남편은 남편대로 닥치는 대로 일을 하면서 또 새로운 일자리를 찾아 헤맸다.

집도 없어서 친정에 얹혀살아야 했다. 우리 가정의 이 위기는 2년 정도 지속됐는데 남편과 내가 안정적인 일자리를 찾으면서 어느 정도 일단락

되었다. 물론 빚을 많이 졌기 때문에 빚을 갚는 일은 지금도 계속되고 있지만 그때보다는 훨씬 상황이 나아졌다.

결혼 직후 생겼던 큰 어려움이 심각한 가정불화로 이어지지 않았던 이유는 '말조심'에 있었다. 당시 내 마음을 쓴 일기장을 보면 그때의 어두움이 얼마나 컸는지 가늠해볼 수 있는데, 설혹 그렇게 힘들었더라도 남편에게는 상처가 되는 말을 하지 않으려고 노력했다. 아니 불평은 많이 했었을 것이다. 그러나 정말 해서는 안 되는 마지막 말들은 서로에게 결코 하지 않았다. 나뿐 아니라 남편도 마찬가지였다. 남편도 얼마나 힘들었는지 나중에서야 삶을 등지고 싶을 만큼 어려웠다는 고백을 들었다.

가정에 어려움이 닥쳤을 때, 상상치 못한 일이 벌어졌을 때 그래도 그것을 견디게 하는 것은 서로에 대한 배려에 있는 것 같다. 그리고 그 배려는 상대를 향한 말에 녹아 있다. 아주 힘들 때는 그 시간을 그저 견디면서 비수를 품는 말은 상대에게 하지 않는 것. 그것만 해도 시간은 흐르게 되고 상황은 변하게 된다. 그리고 그러한 시간을 견뎌왔기에 서로에 대한 믿음과 애틋함이 날이 갈수록 진해진다.

육철민 패밀리

–

가족 소개

아이디어 넘치는 금융회사 간부 아빠, 전 삼성전자 커리어우먼에서 유치원 교사로 변신한 엄마, 갖은 재능으로 진로를 탐구 중인 중2 큰딸, 크리에이터를 꿈꾸며 소소하게 유튜브를 운영하는 초등 4학년 둘째딸로 구성된 오손도손 가족입니다.

아빠의 말하기 연습

한 명의 아버지가 백 명의 스승보다 더 낫다.
- G. 하버트

할아버지의 재력과 아빠의 무관심

'우리나라 노인의 절반이 빈곤층'이라는 뉴스를 본 적이 있는가? 왜 우리 부모님 세대의 절반은 중산층에도 끼지 못한 채 빈곤층이 되었을까? 그들은 한국전쟁으로 폐허가 된 나라 대한민국을 이만큼 발전시키는 데 필요한 노동력을 밤낮으로 공급했던 매우 성실한 일꾼이었다. 물론 열심히 일해도 운이 없거나 개인 또는 가족의 실수 또는 잘못으로 인해 가난에 빠질 수 있다. 그러나 노인 인구의 절반이 가난한 사회라는 사실이 과연 우리 부모님 세대만의 책임일까?

'할아버지의 재력과 아빠의 무관심'이 자녀를 좋은 대학에 보내는 필수 요소라고 하는 말이 있다. 노인의 절반이 빈곤한 상황에서 손자 손녀의 학원비 스폰서가 될 수 있는 재력을 가진 할아버지는 과연 몇 %쯤 될까? 우리 아이들이 기울어진 운동장에서 경쟁해야 한다면 '아빠의 무관심'은 독이 될까? 약이 될까? 더 근본적으로는 자녀가 좋은 대학에 들어가는 것이 교육의 가장 중요한 목표인지도 꼭 짚고 넘어가야 한다.

　교육의 목표를 대부분 대학 진학에 두기 때문에 아이들도 힘들고, 부모도 힘들고 할아버지도 힘들다. 우리는 어찌 보면 이런 현실을 묵인함으로써 서로를 더욱 살기 힘든 환경으로 집어넣고 있고 거기에서 한 발짝도 움직이지 못하도록 서로를 결박하고 있는지도 모른다. 어쨌거나 할아버지가 부자가 아니라면 아빠들은 자녀 교육에 대해 더더욱 무관심해서는 안 된다. 한 명의 아버지가 백 명의 스승보다 더 낫다. 그리고 천 명의 과외 선생보다 더 귀하다는 명언의 증인이 되고 싶다면 말이다.

　고등학교 졸업장만 있어도 먹고살 수 있는 나라에서는 우리나라처럼 빚을 내서라도 사교육을 시킬 만한 이유를 찾기 어렵다. 캐나다에서는 배관공이 고수입 직종이자 여성들이 선호하는 일등 신랑감이라 하고, 미국 월마트에서는 최근 트럭 운전기사를 뽑는 채용공고에서 연봉을 최소 9천만 원 이상 보장한다고 한 적이 있다. 캐나다와 미국처럼 대학을 나오지 않아도 경제적으로 어려움 없이 살 수 있다면 온 국민이 대학 입시에 매달릴 필요도 없고, 할아버지의 재력, 아빠의 무관심이 자녀 교육에 필수라는 이상하지만 묵인할 수밖에 없는 말이 생겨나지도 않았을 것이다.

하버드 대학의 심리학자 사무엘 오셔슨(Samuel Osherson)은 "많은 아이가 아버지의 부재, 혹은 아버지가 있더라도 정서적으로 전혀 부성애를 느끼지 못하고 자라나는 현상이야말로 우리 시대에 과소평가되고 있는 최대의 비극"이라고 했다. 그 비극이 우리 집에도 있음을 한참이 지나서 알게 되었다. 큰딸이 유치원 다니던 시절 선생님은 우리 집이 주말 부부 가정인 줄로 생각했다고 한다. 지금은 중학생이 된 딸이 그때 유치원에서 "저는 우리 아빠를 주말에 만나요."라고 말했기 때문이다. 약 10년 전쯤인 것 같은데, 그 당시 나는 '평일은 회사에, 주말은 가정에'라는 슬로건을 가지고 새벽 일찍 출근하고, 밤늦게 퇴근하는 아빠였다.

새벽 일찍 출근하는 이유는 원래 습관이 그렇기도 했고, 일찍 출근해야 힘든 출근길의 치열한 경쟁을 피할 수 있기 때문이었다. 밤늦게 퇴근한 이유는 일상화된 야근과 야근 후 허기진 배와 영혼을 달래려 동료와 함께 저녁을 먹고 술 한잔하며 긴장된 하루를 푸는 것이 직장 생활의 루틴이었기 때문이다. 지금은 이상한 루틴으로 보이겠지만 그때는 그런 루틴이 문제 되는 분위기는 아니었다. 마치 어릴 적 버스가 지나간 자리에 시커먼 매연이 남는 것은 당연한 일로 받아들여졌듯 말이다.

호감이 먼저다

일과 삶의 균형, 워라밸(Work and Life Balance)을 중요하게 생각하는 환경 변화로 이제 주말뿐만 아니라 평일에도 일찍 귀가해 가족들과 시간을 보낼 기회가 옛날보다 많아졌다. 어느 날 둘째딸이 공원에 나가 원반 (플라잉 디스크) 던지기 놀이를 하자고 해서 함께 공원으로 나갔다. 아무나 할 수 있는 원반 던지기지만 처음 하는 사람에게는 매우 어려웠다. 캐치볼 하듯 서로 디스크를 주고받고 싶은데 디스크는 마음먹은 대로 날아가지 않는다. 유튜브 선생님께 물어보았더니 원반의 회전이 직진성을 만들어 내는 데 도움을 준다고 한다. 원반을 회전시키며 앞으로 밀었더니 드디어 원반이 앞으로 쭉 날아가고 심지어 맞은편에 있는 딸아이의 두 손에 살포시 들어간다.

딸에게 원리와 이론 설명을 해주며 원반 던지는 법을 코치해주었더니, 아빠를 대단한 사람으로 여긴다. 조금 배웠지만, 아직 우리는 서로 미숙하다. 딸이 던진 원반이 나에게로 오다가 회전력이 떨어지며 조금씩 옆으로 휘기 시작한다. 나는 그 원반을 캐치하기 위해 힘차게 달려간다. 원반은 조금씩 더 옆으로 휘고 있다. 마지막 순간 메이저리그 외야수처럼 전력 질주를 통해 원반을 캐치했다. 순간 딸의 환호 소리와 공원에 있던 주위 사람들이 내게 보낸 그 눈빛, 다물어지지 않는 입을 나는 아직도 생생히 기억한다. 호(好)! 호(好)! 호(好)! '호감'이란 단어가 번쩍 떠올랐다. 부모와 자식과의 관계에서도 평소 쌓아두고 저축해둔 호감이 무언가 관계를 바꿀 때 중요한 요소임을 알게 된 것 같다. 일찍 퇴근하고 집에 와서 아이들과 대화를 했지만 뭔가 잘 풀리지 않았는데, 아빠에 대한 호감 통장에 잔고가 부족했기 때문이었던 것 같다.

회사에서 잘 나가는 사람은 알고 보면 일을 절대적으로 잘하는 사람이 아닌 경우가 많다. 어느 정도 일을 잘하면서 동료들로부터 두루두루 호감을 얻는 사람이 생명력이 더 강한 경우를 종종 보아 왔다. 때로는 업무 실력보다 관계의 힘과 호감이 더 중요하기도 함을 직장 생활 좀 해본 분들은 목격한 적이 있을 것이다. 부모와 자식 사이에도 크게 다르지 않음을 명심하자. '호감'이 먼저다. 배우자와 결혼에 대한 생각을 시작할 때에도 호감이 먼저 아니었던가?

'호감이 먼저다.'라는 깨달음으로 자신감을 얻은 나는 '이진법 말하기 연습'이라는 나만의 루틴을 만들어 냈다. 두 가지 스킬을 사용하여 말을 훈련하는 것이다.

첫째는 '안단테'이다. 사람들은 보통 화가 나거나 흥분하면 말도 감정도 행동도 다 빨라진다. 그때 내뱉은 한마디 말은 주워 담을 수 없는 후회가 되곤 한다. 지나고 나서 먼발치에서 보면 사소한 일에도 남들과 아이들에게 오버해서 화를 낸 적이 많다. 부끄럽고 미안하다. 그래서 나는 '안단테'를 나에게 주문한다. 천천히 하자는 것이다. 내가 내뱉고 싶은 말을 성급하게 던지는 것이 아니라, 절대 급하지 않고 천천히 여유롭게 말하는 것이다. 자녀에 대해 훈계를 할 때 안단테는 더 중요하다. 그런 훈련을 하면서 나는 내 감정을 억제하고 기다려줄 줄 아는 여유 있는 아빠가 되어갔다. 아빠의 말하기 연습으로 나의 내면이 변화함을 느끼게 되었다.

둘째는 '부탁'인데, 비록 부모와 자식 사이지만 나는 부탁하는 말하기를 위해 애쓴다. 이 훈련을 방해하는 것은 '거절에 대한 두려움'과 '복잡한 응수에 대한 귀찮음'이었다. 애들이 내 부탁을 거절하면 그다음에 나는 무슨 말로 응수해야 하나? 그러나 거절을 당해도 그냥 아빠의 권위 그런 거 신경 쓰지 않고 일단 "알겠다."고 말하기로 했다. 하면 된다고 했던가? 두려움의 허들을 넘어섰고 나는 말을 할 때 "아빠가 이건 부탁을 하고 싶어." 이렇게 말을 꺼낼 수 있게 되었다.

자녀들에게 네가 하고 싶은 말을 천천히(안단테) 생각해보고 "1주일 후나 한 달 후에라도 좋으니 아빠에게 얘기해줘."라고 부탁한다. 그렇게 두 딸을 인격체로 존중하고, 여유를 가지며 대화하기 시작했다. 그러던 중 아빠의 말하기 연습을 통해 놀라운 선물을 얻게 되었다. 직장 생활에 한없이 지친 상태에서 아이들과 이야기를 하면서 어려움을 털어놨는데 그동안 어디에서도 얻을 수 없었던 큰 위로를 받게 된 것이었다. 정말 뜻밖의 귀한 선물이었다. 예전에는 스트레스를 직장에서 동료들과 술잔을 기울이며 풀 수밖에 없었는데, 이제는 아이들과의 대화를 통해 나의 고민과 아픔을 위로받을 수 있게 되었다. 정말 대단한 변화가 아닐 수 없다.

아빠의 사랑을 충분히 받고 자란 아이는 어려움을 이겨내는 힘이 생긴다고 한다. 자녀들의 사랑을 받는 아빠도 어려움을 극복하는 용기와 힘이 생기는 것 같다. 사랑은 말로 주고받는 것이다. 그 첫걸음을 시작하는 아빠들은 당연히 서툴 수밖에 없다. 하지만 말하기 연습도 꾸준한 훈련을 통해 더 세련되어지고 잘할 수 있다. 훈련된 말이 우리의 자세와 생각과 관계를 아름답게 바꿀 것이다. 아빠의 한마디 말은 아이들의 인생을 바꿀 수 있는 능력을 가진다. 자녀도 가정도 모두 살리는 대화, 때로는 부모도 위로받는 대화가 가정에 흘러넘치길 소망하며, 자녀들이 살아갈 세계가 더 아름다워지기를 꿈꾸어본다. 그 희망찬 미래를 위한 현재의 일은 아빠의 말하기 연습으로부터 시작된다.

빅토르 위고는 "인생 최상의 행복은 사랑받고 있다는 확신에 있다."라고 했다. 나는 이 말에 깊이 공감한다. 아빠가 학원비를 가져다주는 현금출금기가 아니라, 나를 세상에 있게 해 준 소중한 분, 나의 보호자, 나의 스승이자 멘토로 우리 아이들에게 인식되는 건강한 관계가 되길 바란다.

2

나의 심장을 깨우다

신이 당신에게 주는 메시지는 가슴 뛰는 일을 통해서 온다.
- 다릴 앙카, 『가슴 뛰는 삶을 살아라』 중에서

무엇이 눈을 가렸나

나: 진수 씨, 오랜만이에요, 그동안 잘 지냈어요? 오늘 우리 뭐 먹을까요? 진수 씨가 좋아하는 거로 사드릴게요.

진수: 저는 특별히 좋아하는 게 없어요…. 그냥 다 잘 먹어요.

나: 그래도 드시고 싶으신 거 있으면 말씀해주세요, 진수 씨가 좋아하는 거 먹고요.

진수: 저는… 저는… 그냥 아무거나 잘 먹습니다….

나: 아니, 그러지 말고요, 말씀해보세요.

진수: 그냥 저는 다 좋아해요.

나: 그래요? 저는 오늘 진수 씨 맛난 거 사 드리려고 했는데….

진수는 정말로 먹고 싶은 음식이 없었을까? 진수는 좋아하는 음식을 왜 말하지 않았을까? 게다가 물어보는 사람의 마음마저 답답하게 만든 것일까? 진수는 작곡가 지망생이다. 핸드폰 요금, 교통비, 식료품비와 단칸방 월세를 마련하느라 편의점 아르바이트에 식당 서빙일까지 하고 있다. 진수는 만든 곡을 USB에 담아 며칠 전에도 어디에 출품하러 갔다 왔는데, 그쪽에서 아직 연락은 없다고 한다. 하루하루가 살얼음판 위를 걷는 느낌이라고 한다. 힘에 부칠 때는 답 없는 서울 생활을 접고 고향으로 돌아가야 하나 생각할 때도 있다.

고향에 계신 진수의 부모님도 마음이 편할 리 없다. 대학 졸업 후 변변한 일자리도 구하지 못한 채 아르바이트를 전전하고 있는 아들의 근황을 물어보는 이웃들의 질문에 일일이 답하기 힘들어서 아들이 서울에서 작은 회사에 다니고 있다고 둘러댔다. 그러면서 한편으로는 옆집 아들처럼 가까운 도시에서 적당한 직장 구해서 결혼하고 아이도 낳고 한 번씩 고향에 내려와주면 얼마나 좋을까 하며 가슴앓이를 한다.

진수는 사실 조금 단단한 튀김옷을 입고 달콤한 소스가 뿌려진 탕수육과 완두콩이 몇 알 올려진 자장면을 먹고 싶었다. 1주일 전부터 배고플 때마다 김이 모락모락 피어오르는 탕수육 생각이 날 정도였다. 그런데 진수는 탕수육에 자장면을 먹고 싶다 하면 너무 진부해 보이고, 특색 없어 보일까 봐 말을 꺼내지 못했던 것이었다. 그놈의 체면 때문에….

나는 공부를 매우 잘했음에도 불구하고 중학교 3학년 때 공업고등학교로 진학을 진지하게 고려하기도 했다. 3년 후엔 취업해서 돈을 벌 수 있었기 때문이었다. 인문계 고등학교에서 대학에 진학할 때도 사관학교에 가기에는 아까운 성적이었지만 사관학교 진학을 심각하게 고려하기도 했다. 4년간 학비 면제에 졸업 후 소위로 임관하면 바로 취업이 되기 때문이었다. 그러던 어느 날 'CPI'가 되면 돈을 많이 벌 수 있다는 친구 우철이의 말에 나는 돈을 좇아 사관학교가 아닌 일반 대학의 경영학과로 길을 정했다. (우철이가 말한 CPI는 CPA였다. 우리말로 공인회계사다.)몇 년이 더 걸릴지 모르는 CPA 시험을 뒤로하고 나는 4년 만에 재빨리 대학을 졸업하고 금융회사에 입사했다. 흥분기의 신입사원을 거쳐, 체념기의 대리를 지나 긴장과 압박과 감사와 평안함이 있는 중견 간부로서 책임을 이어나가고 있다.

　진수는 체면 때문에 먹고 싶었던 탕수육을 먹지 못했고, 나는 돈벌이가 급해서 내가 무엇을 좋아하고 내가 무엇을 잘하는지 제대로 알지 못한 채 사회로 진출해버렸다. 돈과 명예에 대한 추구가 내 재능이 무엇인지 찾는 것을 가로막는 걸림돌이 되었고, 하고 싶은 일을 바라볼 수 없게 만드는 눈가리개가 된 것이다. 얼마 전 어느 방송에서 한 대학생이 강연자에게 질문했다. "많은 선생님이나 방송이나 책에서 가슴 뛰는 일을 찾으라고 조언해주는데, 저는 제가 가슴 뛰는 일을 못 찾겠어요."라고.

직업이 장래 희망이라고?

많은 사람들은 '꿈'을 이야기할 때 '직업'을 말하고, 우리 사회는 그것이 마치 제사상의 홍동백서인 양 지켜야 할 규범이라고 생각한다. 중학교 시절 선생님이 반 친구들 1번에서 50번까지 1명씩 일어나서 장래 희망을 발표하라고 했다. 친구들은 각자 의사, 변호사, 판검사, 군인, 경찰, 소방관, 운동선수를 열거했다. 그런데 태희는 장래 희망이 대통령이라고 했다. 지금까지 친구들 중 국회의원을 하겠다는 친구는 봤어도 대통령이 꿈이라는 친구는 태희가 처음이었다. 선생님은 태희처럼 높은 꿈을 가지라고 하시며 다들 손뼉을 치라고 했다.

그리고 이제 영인이의 차례가 되었다. 조용한 영인이는 부끄러워했지만 또렷한 목소리로 "저는 다른 사람을 도와주는 사람이 되겠습니다."라고 했다. 선생님은 그게 무슨 장래 희망이냐고 핀잔을 주었고 친구들은 낄낄 웃기 시작했다. 태희는 아직 대통령이 되지 못한 것 같다. 중학교 졸업 후 영인이의 소식을 듣지 못했지만 그는 분명히 이 세상 어디에 있든 다른 사람을 도와주며 살고 있을 것이라 믿고 있다.

"나는 이 나라의 최고 통수권자가 되고 싶다."라는 직업으로서의 목표를 꿈이라고 말한 사람과 "나는 아프고 가난한 사람들을 돕는 사람이 되고 싶습니다."라고 말한 두 사람이 있다고 하자. 전자는 세계대전을 일으켜 수많은 사람을 죽게 한 히틀러, 후자는 아프리카 오지에서 죽어가던 사람을 살린 슈바이처 박사일 수 있다. 누구에게 박수를 보내야 할까? 직업을 목표로 정하면 누구나 히틀러가 될 수 있다. 나는 무엇이 되고 싶다 보다 어떻게 살겠다가 더 중요한 포인트라고 생각한다. 어릴 때는 그런 것을 몰랐다. 판검사, 회계사처럼 그런 직업을 가지는 것이 최고인 줄로만 알았다.

돈을 못 벌어도 된다고 생각하고, 명예도 의식하지 않는다고 생각하자. 돈으로부터 자유를 얻고, 명예에 대한 마음을 내려놓으면 나의 심장의 소리를 들을 수 있다. 나는 진수에게 말했다.

"진수 씨는 이미 작곡가예요. 지금 작곡을 하고 있으니 작곡가가 된 거예요. 삶의 목표가 돈을 많이 버는 작곡가, 유명한 작곡가가 되는 게 아니었지 않나요? 그렇죠? 진수 씨가 만든 곡이 비록 지금은 유명해지지도 않았고, 그래서 돈을 벌지는 못했지만 진수 씨는 작곡을 하는 사람 즉, 작곡가로 제 눈에는 보입니다. 이미 작곡가가 되었으니, 더 즐거운 마음으로 자신 있게 작곡을 해보세요."

나는 그 이후로 진수 씨를 작곡가님으로 불렀다. 진수 씨는 더욱 자신에 차서 즐겁게 작곡을 했다. 어느 날 진수가 음원 사이트에 올라간 그의 곡을 보내주었다. 나는 돈을 주고 그 곡을 샀다. 유명하거나 많이 팔린 곡은 아니다. 그러나 진수는 곡을 지어 진짜 작곡가가 되었고 이제는 누구나 그의 음악을 들을 수 있게 되었다. 진수는 나에게 정말 고맙다고 했다. 무기력한 자기의 심장을 내가 깨워주었다고 했다. 진수 씨는 "돈을 많이 못 벌면 어때요? 유명해지지 않으면 어때요? 난 지금 작곡을 하고 있고 이미 작곡가예요. 나는 꿈을 이루었어요. 나는 더 열심히 곡을 만들어 다른 사람들을 즐겁게 해주고 싶어요."라고 밝은 표정으로 말했다.

세상에 돈과 명예를 추구하며 행복에 빠진 사람이 어디 있을까? 돈과 명예는 사람의 눈을 가린다는 것을 불혹의 나이를 넘어서며 알게 되었다. 중학교 때 친구 영인이의 소식이 궁금하다. 너는 분명히 지구 어디선가 보람 있는 일을 하며 남들에게 선한 영향력을 끼치며 잘 살고 있을 거야. 나도 너처럼 살고 싶고, 남을 도우며 살아가려고 해.

당신이 내 팬이라서 고마워

금과 은은 불 속에서 정련되어야 비로소 빛난다.
– 유태인 격언

최악의 재산은 배우자다?

"부부라고 쓰고 '웬수'라고 읽지요." 이런 발칙한 말이 있다. 많은 사람들은 자신의 배우자를 웬수라고들 말한다. 요즘에는 졸혼이란 말도 생겨났다. 길고 긴 인생 이제 더는 배우자에 맞추며 살기 어렵다고 내린 결론인 것 같다. 이혼은 아니고, 남편과 아내로서의 중요한 의무를 내려놓고 서로 간섭하지 않기로 하는 부부 의무 졸업이란 것이다. 나 같으면 '웬수' 같은 존재와는 단 하루도 같이 살기 힘들 것 같은데 웬수와 같이 오랜 시간을 살아내고 계신 분들은 정말 인내력과 참을성이 대단하신 분들인 것 같다.

일근천하 무난사(一勤天下 無難事). '한결같이 부지런하면 세상에 어려운 일이 없다.'라는 이 말을 나는 좋아한다. 새마을호를 타고 서울로 상경하며 종이에 쓰고 또 쓰며 결심한 말이다. 고 정주영 현대 회장님처럼 가난한 집의 아들로 태어났지만 서울에서 열심히 일해서 성공하고 싶은 내 염원을 담았던 그 글귀….

내 안에는 확실히 농업적 근면성이 있나보다. 금수저가 아니면 아침에 일찍 일어나서 하루를 시작해야 먹고살 수 있다고 생각한다. 나는 아무리 피곤해도 자유를 얻은 주말이면 주어진 시간이 너무 귀하다. 금요일 밤은 새벽까지 그동안 못했던 개인 용무를 늦게까지 봐도 피곤치 아니하며, 토요일 아침은 왜 이리 가볍게 잠자리에서 벌떡 일어나지는지. 토요일 새벽에 일찍 일어나면 사우나도 가고, 우리 동네 공원이나 야트막한 동산을 산책하는 것을 좋아한다. 산책 나가기 전에는 커피를 타서 보온병에 넣어간다. 걷다가 잠시 앉아서 커피를 마시면 그 향기가 더욱 좋다.

부부가 함께 산책을 나오는 커플이 보이는데 나는 그런 모습이 부럽다. 나도 아내가 있는데, 늘 혼자 산보를 한다. 사실 아내는 너무나 많은 일을 존경스러울 정도로 멋지게 해내고 있으며, 하루에 몇 시간밖에 잠을 못자는 날이 많다. 아내는 잠이 많이 부족하다. 그래서 새벽에 일어나는 것이 매우 어려운 줄은 알지만 나는 가끔 겨울 공원에서 만나는 잎이 다 떨어진 채 외로이 서 있는 한 그루의 나무와 같은 존재라는 생각이 들곤 한다.

부부는 무엇으로 사는가?

'사람은 무엇으로 사는가?' 러시아의 대문호 톨스토이는 사람은 하나님의 사랑으로 산다고 했다. 그러면 '부부는 무엇으로 사는가?' 부부는 서로 의지하고 도와가며 살아가는 가장 가까운 사람이어야 한다고 생각한다. 설거지나 청소와 같은 물리적인 협업 말고도 부부는 심리적으로 정서적으로 돕고 신뢰하고 의지하는 존재가 되어야 한다고 생각한다.

최근 우리 가정에 중요한 이슈가 있어 나는 매일 밤 퇴근 후 시간을 투자해서 정보를 수집하고 정리하는 일이 있었다. 그런데 이 중요한 일을, 나도 처음이라 잘 모르는 일을 혼자서만 끙끙대며 알아보자니 한계에 부딪히기도 하고, 제대로 하고 있는지 두렵기도 하다. 이럴 때 아내가 옆에서 같이 힘을 합쳐 도와주면 든든하겠는데 나는 혼자서 뛰어다니며 애쓰는 사람, 아내는 결과만 보고받는 사람의 자리에 있는 것 같아 많이 서운했다. 얼마나 서운했으면 내가 아내에게 서운하다고 말을 다 했을까? (나는 가족이든 남이든 서운하다는 말을 하는 것을 매우 어려워하는 사람이다.)

아내의 사과에도 불구하고 서운함과 외로움이 남아 있던 어느 날, 그날도 나는 컴퓨터 앞에 앉아 가장으로서 외로운 시간을 보냈다. 외로움은 참 견디기 힘든 감정이다. 새벽 3시쯤 되었을까, 거실 베란다 밖으로 보이는 공원과 가로등 불빛을 보며 문득 이런 생각이 들었다. '나는 지금 망망대해를 항해하는 배의 선장이다.' 이 깊은 밤, 불면의 시간에 나는 배의 순항과 안전을 위해 끊임없이 지도를 살펴가며, 바다를 항해하고 있다. 객실에서 곤히 자고 있는 가족들을 보며 내 역할과 책임이 더 가치 있게 느껴졌다. 나를 선장으로 격상시킨 대가로 나는 마음의 평안을 얻게 되었다. 그리고 선장은 외로울 수 있는 거라는 생각이 들었다.

그동안 나에게 감사가 참 부족했다는 반성을 한다. 감사는 너무 미끌거려서 항상 흘러내리고, 불만은 너무 끈적끈적해서 좀처럼 흘러내려가지 않는다고 했던가. 아내가 가진 저 밤하늘의 많은 별처럼 수많은 장점에 감사하기보다, 나는 아내가 가진 단점에 불만을 품고 있었던 나를 발견하게 되었다.

아내와 나는 사내 커플로 만났다. 같은 부서에 근무했던 우리는 몰래 데이트를 즐겼다. 어느 날이었다. 그날도 우리는 을지로에서 퇴근 후 데이트를 위해 같이 차를 타고 한남대교를 지나고 있었다. 한남대교를 남쪽으로 건너다 보면 올림픽 대로로 빠지는 길과 직진해서 신사역 방면으로 나가는 길이 있다. 그녀에게 어디로 갈까? 물었더니 그녀는 내가 가는 곳이면 어디든 다 좋다고 했다. 그 한마디 말, 나를 전적으로 믿어주는 이 사람과 결혼해야겠다는 마음이 들었다.

우리는 결혼을 하고 아이를 둘 낳고, 아내는 회사를 그만두었다. 아내는 어릴 적 꿈이 엄마가 되는 것이라고 했다. 그리고 그 꿈을 이루었다.

아이들을 잘 기르기 위해 정말 많은 독서와 공부와 연구를 한다. 남들처럼 학원을 알아보거나 입시 제도를 연구하는 게 아니다. 엄마와 자식 간에 대화법을 연구하고 있는 것이다.

아내가 대화법 프리랜서 강사를 하며 바친 시간은 정말 눈물겹다. 내가 항상 먼저 잠드는데 새벽 5시에 일어나면 완벽한 강의를 위해 그때까지 자료를 만들고 연습을 하고 있다. 그러니 어찌 일찍 일어날 수 있으리오. 아내의 대화법은 아이들을 좋은 방향으로 인도하였다. 나는 말이 통하여 행동과 생각이 바뀜을 우리 가정에서 보았고 경험하였다.

생각해보면 아내는 삶의 중요한 마디마디마다 또는 사소한 길목마다 내가 무얼 하자고 하면 순종한다. 내가 하는 말에 맞장구를 친다. 내가 가는 길이 옳다고 믿어준다. 한남대교 위의 그녀처럼 말이다. "어딜 가든 당신이 알아서 가요." 당신! 내 팬이 되어주어서 너무 고마워.

아빠를 이기는
아이가 세상을 이긴다

우린 세계를 지키는 히어로 따위가 아니다.
어린 아이들에게 미래를 살아가게 해주고 싶은 아버지다.
– 애니메이션 〈짱구는 못말려〉 중에서

너구리 한 마리 몰고 가세요

초등학교 저학년 시절이었다. 우리 집 옆의 옆집이 점방 집이었고, 나는 어른들의 심부름을 많이 했다. "민아, 가서 '너구리' 하나 사 온나."라고 아빠가 말씀하셨다. 나는 "네." 하고 점방으로 달려갔다. 그런데 점방에는 너구리란 것이 안보였다. 한참을 찾아도 찾지 못했다. 나는 내가 아빠 말씀을 잘못 들었을 수도 있겠구나 생각이 들었다. 그래서 세 글자이면서 200원인 물건을 찾기로 했다. '레몬씨'였던가 이름은 정확히 기억나지 않지만 아무튼 나는 세 글자이면서 200원짜리 물건을 점방에서 사서 집으로 돌아왔다.

이게 아빠가 심부름으로 시킨 게 맞기를 바라면서 아빠에게 사탕을 보였다. '혹시 아빠가 내가 사탕을 먹고 싶어서 그걸 사왔다고 오해하시면 어쩌지?' 속으로 이런 생각도 들었다. 우리 아빠는 화를 잘 안 내신다. 그때도 그랬다. 아빠는 나에게 그 사탕을 그냥 주셨고, 이번엔 아빠가 직접 점방에 가셔서 '너구리'를 사오셨다. 아빠 손에 있는 것은 동물 너구리도, 새로 나온 과자도, 사탕도 아닌 '라면'이었다. 너구리가 라면이라는 사실을 처음으로 알게 된 날이었다.

내가 점방에서 너구리를 못 찾았고 있을 때 이웃이자 점방 주인장에게 "너구리 어디 있어요?"라고 물어보지 않은 이유는 너구리를 가게에서 팔 것이라고 상상조차 못했기 때문이기도 했다. 누군가 너구리 라면을 좋아한다고 하면 그때 생각이 나곤 한다. 그때 나는 왜 아빠에게 너구리가 무엇인지 여쭤보지 않았을까? 부모님 말씀에는 대꾸하지 않고 일단, 무조건 "네."라고 대답하는 것이 미덕이라고 은연중에 배웠던 것 같다.

나의 이런 성향은 어른이 되어서도 사람들의 말에 잘 반박을 못하는 사람으로 스스로를 묶어놓았다. 마땅히 해야 할 말을 당당히 잘 꺼내는 사람들이 너무 부럽기만 했다. 거친 직장 생활을 하면 누구나 산전수전 공중전 다 겪기 마련이다. 수트 속에 숨어서 서로를 공격하고 잡아먹는 조직에서 윗분들, 즉 상사라는 사람들은 문제가 생기면 책임을 돌리거나, 자신의 업적을 위해 부하를 이용하는 그런 일들을 하곤 한다.

나는 그런 분들로부터 많이 이용당했다는 피해의식이 있다. 내 속에 있는 생각과 마음을 당당하고 건강하게 표현을 적기에 할 수 있었다면, 그들과의 관계도 나의 마음도 그렇게 깨지는 일이 훨씬 줄었을 텐데 아쉽고, 아쉽고 또 아쉬움이 남는다. 그만큼 아쉽고 깨진 관계가 아픈 상처다.

신입사원 시절 아내는 같은 부서에서 일했었는데 자신이 가지고 있는 생각을 똑 부러지게 윗분들에게 잘 표현을 했었다. 내가 가지지 못한 그런 장점이 있는 아내였기에 자연스럽게 끌리기도 했다.

당당하게 말할 수 있어야 한다

나는 우리 아빠처럼 화를 많이 내지도 않고, 애들을 달달 볶거나 혼내지도 않는다. 그러나 아이들을 혼낸 적은 당연히 있다. 하루는 큰딸을 혼내는 일이 있었는데 큰딸이 울면서 "나도 아빠 때문에 상처를 많이 받는다."라는 말을 했다. 나는 너무 놀랐다. 다른 어떤 날은 둘째딸을 혼내는 일이 있었는데, 꼬맹이 둘째딸이 나의 훈계를 조목조목 반박하였다. 뜻밖의 반격을 당해 몹시 당황스러웠다. 그 상황이 구체적으로 어떤 상황이었는지 나는 기억도 못하겠고, 무슨 말을 했는지도 잘 기억나지 않는다.

그냥 애들에게 내가 졌다는 생각이 들었다. 아마 아내에게 물어보면, 아빠와 어린 딸들 사이에 이기고 지고가 어디 있냐고 나를 조금 한심한 사람으로 볼 것 같아서 아예 얘기도 꺼내지 않았다. 내가 아이들에게 상처를 주었다고? 나는 그런 기억이 없는데 말이다. 몇 년 후 큰딸에게 물어보았더니, 자기도 사실 아빠 때문에 상처받은 일은 있는데 잘 기억이 안 난다고 했다. 나는 그 자리에서 진심으로 딸에게 사과를 했다.

"그 일이 무엇인지 아빠도 너도 서로 기억이 안 나거나 못할지라도, 아빠가 너에게 상처를 주었다면 정말 미안하고 사과할게."

이 성격은 엄마로부터 물려받은 것 같은데, 나는 걱정이 참 많았다. 엄마도 그렇고, 아마 외할머니도 걱정이 많으셨던 분이 아닐까 싶다. 매일 아침 한남대교를 지나 남산 1호 터널을 통과하여 명동 방향으로 내려가는 출근길쯤이면 '내가 빨리 죽으면 우리 가족들은 어떡하지.' 이런 걱정과 이상한 불안이 반복적으로 들었다. 아마 할아버지도, 아버지도 일찍 돌아가셔서 내가 많이 두려워하고 있었던 것 같다.

지인 중에 정신과 선생님이 계셔서 고민을 이야기했더니, 진정한 환자들은 자신들이 문제가 있다는 것을 모른다고 하였다. 그러니까 나는 정상이라고 했다. 즉, 자기가 문제가 있을 것이라고 의심하는 것이 정상이고, '나는 아무런 문제가 없어!'라고 강하게 주장하는 것이 이상한 행동일 수 있다는 뜻이었다. 나는 이 논리를 자녀들과의 관계에 대입해보았다. 내가 문제없고 좋은 아빠라고 믿고 생각하는 것, 그 자체가 위험한 생각이었다.

아빠를 이기라는 말을 아빠에게 버릇없게 대하거나 아빠를 우습게 알고 함부로 하라는 그런 말로 오해할 수도 있겠지만, 그런 뜻은 절대 아니다. 유교 문화가 남아 있는 우리나라 보통의 사람들은 대부분 아빠 또는 윗사람의 말에 감히 "노." 하는 것이 쉽지는 않을 것이다. 즉, 내 말은 아빠라는 사람과 의사소통을 잘하고, 잘 설득할 줄 아는 아이로 자라야 세상에 나가서도 다른 사람과 잘 소통하고, 협력하고, 당당하고 건강하게 공동체의 일원이 될 수 있을 것이라는 말이다.

거친 파도가 기다리고 있는 험한 세상에 나아가 부당한 대우를 받지 않기 위해서, 그리고 자신의 정체성과 자존감을 지키기 위해 합리적이고, 논리정연하고 무엇보다도 자신감 있는 태도가 필요하다고 생각한다. 다만 주의할 점은 사람은 '감정의 동물'이란 것이다. 아무리 옳은 말도 듣는 사람의 감정을 상하게 하면 그 감정은 부메랑이 되어 다시 돌아오게 마련이다. 사람의 감정을 상하게 하지 않기 위해서는 말을 잘해야 한다.

세상을 이기는 우리 아이들이 되기 위해 필요한 것 중 하나는 타인의 감정을 배려하고, 타인의 감정을 상하게 하는 언행을 조심해야 하는 것이다. 이와 관련해서 나는 기회가 있으면 알려준다. 직장 후배들에게도 내 이야기를 가끔 해주곤 한다. 신입사원 시절에 만난 부장님이 어찌나 미웠던지 정말 그 부장님 때문에 회사를 그만두고 싶었다. 나보다 직장 생활을 훨씬 더 오래 동안 하신 장인어른께 털어놨다. 장인어른의 대답

은 매우 간단했다. 상사는 무조건 잘 대해주라며, 상사는 나를 잘되게 해
줄 능력은 없어도 지옥으로 보내버리는 건 아주 잘하는 사람들이라고 말
씀해주셨다. 상사의 감정을 잘 살피라는 말씀이었다.

아무리 보기 싫은 상사도 3년 이상 함께하는 경우는 거의 없다고 하셨
다. 그가 발령이 나든, 내가 발령이 나든 3년 안에는 웬만하면 다 헤어진
다고 했다. 역시 오랜 경험 속에 지혜가 담겨 있다. 내가 살아보니 진짜
그렇다. 윗사람과 말을 잘하기 위해서는 사람의 감정을 배려하고 존중하
는 그런 스킬과 지혜도 매우 필요함을 20년의 직장 생활을 통해 배웠다.

인간의 행복은 관계에 달려 있다고 해도 과언이 아니다. 나는 우리 아
이들이 아빠의 감정을 거스르지 않으면서 나와 수평적인 대화를 주고받
는 방법을 배워나가기를 희망한다. 아이들이 아빠라는 어찌 보면 큰 산
을 대하며, 동등한 인격체로서 서로 대화하고 서로의 감정을 존중해주는
법을 집에서부터 배운다면 나는 아이들이 훗날 사회생활을 잘할 수 있다
고 생각한다. 아이들을 공부시키는 것도 다른 교육들도 결국은 이 사회
속에서 사회의 일원이 되어 조화롭게 살아가는 법을 가르치는 것이 주된
목적 아니었던가.

얘들아, 아빠 여기 있다. 얼마든지 아빠라는 산을 슬기롭게 넘어가 보
아라. 아빠라는 산을 즐기며 너희가 이 세상에 나가서 견딜 수 있는 힘을
기르길 진심으로 바란다.

푸드 크리에이터가 되고 싶어요

− 초6 육영현

> 자신을 믿어라. 자신의 능력을 신뢰하라.
> 겸손하지만 합리적인 자신감 없이는 성공할 수도 행복할 수도 없다.
> − 노먼 빈센트 필

　동그랗고 귀여운 모양, 생각만 해도 달콤한 맛을 상상케 하는 마카롱(macaron)을 아시나요? 취미로 다니는 발레학원 1층에 아담한 마카롱 가게가 있는데 저는 발레학원 가는 날이면 거의 매일 마카롱 가게에 들러 마카롱을 사 먹기도 하고, 저를 데리러 오시는 아빠나 엄마에게 마카롱을 사달라고 해요.

　마카롱은 프랑스에서 탄생한 디저트 과자인데요, 요요처럼 작고 동그랗게 생겼어요. 마카롱의 주재료는 아몬드 가루, 달걀흰자, 설탕 등이고요, 겉은 바삭하고 안은 부드럽고 달콤하답니다. 안에 들어가는 재료에 따라 다양한 맛을 내는데 블루베리, 청포도, 그리고 제가 제일 좋아하는 요거트 플레인 맛도 있어요.

제가 지금 가지고 있는 꿈은 마카롱, 머랭 쿠키 등 여러 가지 예쁜 디저트를 창의적으로 만들어서 사람들을 행복하게 해주는 푸드 크리에이터(food creator)가 되는 것이에요. 그뿐만 아니라 사람들에게 만드는 법을 쉽고 재미있게 알려주는 일을 하고 싶어요. 푸드 크리에이터들은 원래 있는 레시피를 새롭게 다시 만들고 변형을 시켜 독창적인 음식을 만드는 사람인데요, 제 롤모델은 유튜버 '아리' 언니예요. 아리 언니는 구독자가 100만 명이 넘는 〈아리 키친(Ari Kitchen)〉을 운영하는 유명 유튜버이자 크리에이터랍니다.

저는 〈아리 키친〉의 열렬한 팬이에요. 〈아리 키친〉은 구독자들에게 레시피를 재미있고 쉽게 알려줘요. 저는 이런 아리 언니에게 자극을 많이 받아요. 아빠에게 부탁해서 아빠와 함께 손을 잡고 고척동 돔구장에 〈아리 키친〉 언니 같은 유튜버들이 팬들과 만나는 다이아 페스티벌(각 분야의 크리에이터들과 팬들이 만나는 축제)에 간 적이 있는데요, 어떤 언니가 아리 언니처럼 되려면 어떤 준비를 해야 하는지 공개 질문을 했었어요. 아리 언니는 남들이 하지 않는 분야에서 정말정말 열심히 준비하고 공부해서 그 분야의 전문가가 되면 남들에게 쉽게 가르쳐줄 수 있다고 했어요.

물론 좋아하는 분야가 아니면 열심히 노력하기도 힘들겠죠? 옆에 계시던 아빠도 깜짝 놀라는 눈치였어요. 아리 언니와 같은 크리에이터들이 배울 점이 많은 사람이라는 걸 알게 되셨다고 했어요.

저는 음식 중에서도 케이크, 마카롱, 당고, 푸딩을 주로 만들고 싶어요. 사람들을 도와주기 위해 쉽고 재미있는 레시피를 담은 책을 쓰고, 유튜브로 재미있고 창의적인 방송을 하고 싶어요. 저는 온라인과 오프라인에서 활동을 할 건데요, 저희 집 거실에 디저트 카페를 만들고 이 카페를 스튜디오로 쓸 거예요.

그런데 저는 미국 오레곤 주에 있는 포틀랜드에 살고 싶어요. 포틀랜드는 예의바르고 친절한 사람들이 매우 많답니다. 지리적으로는 태평양과 가까워서 날씨가 좋고 좋은 식재료가 풍부하답니다. 2018년 여름방학 때 이모가 살고 있는 포틀랜드에 가서 한 달간 지냈는데요. 이모 집은 실내 계단이 있는 2층집이고, 백 야드가 저와 사촌 케이트가 함께 뛰어놀거나 아빠들이 바비큐 파티를 하기에 참 좋아요. 백 야드 앞으로 보이는 숲에는 가끔 사슴도 보인답니다. 이모 집에서 차를 타고 한 시간쯤 거리에 있는 블루베리 농장에 갔었어요. 엄청 큰 농장에서 제가 좋아하는 블루베리를 직접 따고 실컷 먹을 수 있었어요. 포틀랜드는 신선한 과일이 한국보다 훨씬 싸고 맛있었어요. 그리고 한국에서는 빨간색 체리만 먹어봤는데, 포틀랜드에는 옐로우 체리가 있어요. 어찌나 달고 맛있던지 그 맛을 잊을 수가 없답니다.

그리고요. 포틀랜드 서쪽으로 틸라무크라는 마을이 있는데, 여기는 유제품이 너무나 유명한 곳이에요. 아이스크림, 치즈, 우유가 엄청 신선하고 유명하답니다. 푸드 크리에이터를 하게 되면 이곳에서 손쉽게 구할 수 있는 로컬 푸드들로 신선한 재료들을 사용할 수 있을 것 같아요.

저는 사람들이 제가 새롭게 만들어준 레시피를 보며 즐겁게 몰입해서 디저트 만드는 모습을 생각하면 행복해요. 그 꿈에 다가가기 위해 저는 좋아하는 영상을 촬영해서 유튜브에 올리는 일을 조금씩 하고 있고요, 아직 구독자가 많지는 않지만 아빠는 제게 유튜버가 되었다고 말씀을 해주세요. 참, 그리고 무대를 넓혀 미국에서 활동하기 위해 영어 공부도 열심히 하고 있어요. 이번 여름 방학에는 미국 시애틀에서 열리는 캠프에도 참여를 한답니다. 집에서는 다른 사람들의 레시피를 보며 마카롱, 머랭쿠키, 초코칩 쿠키를 직접 만들어볼 거예요. 아빠는 제 꿈을 위해 오븐도 사주셨어요. 재료들의 영양에 대해서도 공부하고, 음식을 만드는 도구에 대한 활용법도 배우고 익힐 거예요.

저희 아빠는 항상 저에게 남을 도와주는 일을 하라고 말씀하세요. 푸드 크리에이터가 되어서든 어떤 꿈을 가지든지 남을 돕는 일에 기쁨을 느끼라고 말씀을 해주시고, 아빠는 제가 가슴 뛰는 일을 하면 항상 뒤에서 후원을 해주시겠다고 약속을 하세요. 아빠는 제가 유튜브로 작업을 오래하고 있어도 혼을 내지 않아요. 하루는 저를 걱정하시는 엄마에게 아빠는 스티븐 스필버그 감독 이야기를 하셨어요. 스필버그 감독도 어릴 적에 삼촌인가 누군가의 카메라를 들고 다니며 촬영을 했고, 그래서 그가 세계적인 영화감독이 될 수 있었다고 말이에요.

　저는 지금 푸드 크리에이터가 되어 사람들을 돕는 일을 하고 싶지만, 아빠는 꿈은 언제든 얼마든 바뀔 수 있다고 늘 말씀하세요. 중요한 것은 남을 돕는 일을 하면서 제 가슴이 뛰는 일을 찾으라는 거예요. 무엇을 하든 저는 그런 일을 계속 찾을 거예요. 아빠와 엄마가 저를 위해 정말 많이 헌신해주셔서 너무나 감사해요. 아빠는 저를 계속 밀어주시고, 엄마는 저를 위해 대화법도 몇 년 동안 배우시고 저를 인격적으로 존중해주세요. 엄마와 아빠에게 정말 감사드려요. 엄마 아빠, 사랑해요.

김민정 패밀리

–

가족 소개

목사인 아빠, 독서지도사인 엄마, 중학생 희성이와 초등학생 예성이가 함께 홈스쿨링을 하고 있습니다. 저희 가족 '물댄동산 홈스쿨'은 하나, 하나님을 위해 성장합니다. 둘, 둘이 하나 되어 섬깁니다. 셋, 세상을 섬기고 회복시키는 가족공동체입니다.

YOLO

연애와 결혼 그리고 다시 데이트

> 우리는 오로지 사랑을 함으로써 사랑을 배울 수 있다.
> – 아이리스 머독

가까이하기엔 너무 먼 당신

'대~한민국!' 2002년 한일 월드컵의 함성을 아직도 잊을 수 없다. 남편과 나는 2002년 1월에 만나서 5월에 결혼식을 올렸다. 5개월 연애 기간을 거쳐 결혼에 골인한 것이다.

처음 남편을 만났을 때 남편은 신학대학원에 다니고 있는 학생이었다. 교회 목사님 소개로 만나서 부담감도 많았지만 적지 않은 나이에 누군가를 만난다는 것이 많이 조심스러웠다.

나는 군산에 살았고 남편은 용인에 있어서 먼 거리를 오가며 데이트를 시작했다. 군산과 용인이라는 물리적 거리는 전화 통화로 메웠다. 자주 만날 수 없는 상황에서 화이트데이 사탕바구니를 받은 기억이 있지만 사

5장_욜로 패밀리가 사는 풍경 279

탕보다는 먼 거리를 와주었다는 감동이 더 컸다.

짧은 연애 기간을 보내고 양가 부모님과 주변 사람들의 축복을 받으며 우리 부부는 결혼이라는 큰 관문을 통과했다. 결혼을 하고 보니 짧은 연애 기간이 좀 아쉽다는 생각이 들기도 했다. 남편은 데이트할 때 나에게 좋은 책을 자주 선물하곤 했다. 나는 편지 쓰는 것을 좋아해서 글로 마음을 전했다. 그때 썼던 편지를 지금 꺼내 읽어보면 내가 썼던 글인지 의심스러울 정도로 오글거린다.

서로 너무 다른 남자와 여자가 만나서 결혼을 하고 살아간다는 것은 엄청난 모험이라는 생각이 든다. 그래서 남편은 책을 통해 서로의 다름을 알아가고 공부하고자 하는 좋은 의도가 있지 않았나 생각해본다. 그런데 지금 얘기지만 그때 선물 받았던 책들은 잘 읽지 못했다. 바쁜 직장인의 손에 들린 책은 수면제일 뿐이었다.

결혼 후에도 내 환경에 큰 변화는 없었다. 다니던 직장에서 사회복지사로 계속 일을 했고 남편도 하던 공부를 계속하면서 주말 부부로 지냈다. 주말 부부로 떨어져 지내는 동안에 큰 갈등이나 어려움은 없었다.

남편이 대학원 졸업을 앞두고 우리 부부는 중대한 결정을 해야 했다. 결혼 후부터 친정에서 함께 살았던 신혼생활을 접고 부모를 떠나 완전한 독립을 하기 위한 걸음을 내디뎠다. 결혼해서 친정 부모님과 함께 1년 반을 살았던 군산을 떠나 우리 부부는 인천으로 이사를 하게 되었다. 비록 친정 부모님은 많이 서운해하셨지만 우리 부부는 같은 마음이 되어서 본격적인 신혼살림을 준비했다.

이때 친정 부모님을 떠나야 한다는 두려움과 동시에 남편과 함께 만들어갈 새로운 삶에 대한 설렘이 있었다. 우리는 남편의 개척교회 전도사 사례비 월 60만 원으로 한 달을 살아야 했다. 참 다행인 것은 아내인 내가 실업급여를 받게 되어서 생활비를 보탤 수 있었다는 점이다.

우리는 연립주택 2층에 살았다. 새벽에 부부 싸움을 심하게 하는 3층, 부엌 싱크대에서 보이는 앞집 욕쟁이 할머니의 목소리, 협소한 주차 공간 때문에 있던 차도 처분할 수밖에 없었던 당시가 추억이 되었다. 집 근처에는 재래시장이 있었는데 남편과 함께 500원 짜리 두부 한 모를 사고 쌀이 떨어져서 저금통을 털었던 기억도 난다.

지금도 얼굴이 뜨거워질 만큼 부끄러운 경험이 있다. 도시가스 요금이 나왔는데 어디에 이 요금을 납부해야 하는지 몰라서 남편한테 물어봤던 것이다. 지금 생각해보면 남편이 말은 못하고 속으로 엄청 고민되었을 것 같다. '이런 아내와 평생 어떻게 함께 살지.' 하면서 말이다. 이렇게 우리 부부의 독립은 현실로 다가왔다.

어려웠던 일만 있었던 것은 아니다. 좋은 기억도 있는데 그중 가장 좋은 것은 아침마다 출근하는 남편에게 도시락을 싸주었던 기억이다. 새벽에 일어나서 부침개를 포함한 기본 반찬 3가지를 만들어 출근하는 남편에게 힘을 실어주었다. 남편은 지금도 그때 도시락 이야기를 꺼내곤 하는데 남편에게 좋은 신혼의 추억이었던 것 같다.

결혼 후 내 계획과 달리 4년이라는 긴 기다림 끝에 2006년 7월과 2007년 11월에 연년생의 두 아들을 얻었다. 둘째가 태어났을 때 남편은 아침 일찍 나가 저녁 늦게 퇴근하고 며칠씩 집을 비우는 일도 많았다. 독박 육아가 이어지자 4년 만에 얻은 귀한 두 아들에 대한 기쁨은 사라지고 끝이 보이지 않는 긴 육아의 터널로 들어선 느낌이었다.

특히 가사와 육아에 서툰 남편을 원망하면서 부부 관계가 삐걱거리기 시작했다. 가사와 육아로 지치고 예민한 나에게 남편은 무능력 그 자체였다. 가정 일을 척척 해내는 다른 집 남편들을 보면 내 남편에 대한 미움은 더 커져갔다. 아내의 필요에 전혀 도움이 안 되는 남편을 점점 무시하게 되고 마음의 문을 닫고 살았다. 나도 불편했지만 남편도 이 시기에 아내 눈치를 보느라 몹시 힘들었다고 한다.

누군가를 위해 아무런 대가 없이 희생해야 하는 게 결혼생활이라면 그냥 혼자 사는 것도 좋겠다는 생각도 들었다. 육체적으로 지치고 힘든 것도 있었지만 내 안에 있는 지독한 외로움과 전쟁을 벌이고 있었다.

갈등의 시간이 흘러 첫째 아이가 다니던 '즐거운 유치원'을 통해 부모 교육을 받게 되었다. 아이를 낳고 기르면 당연히 부모가 되는 것으로 생각했는데 교육을 통해 부모가 무엇인지 조금씩 깨닫고 배울 수 있었다.

점점 육아의 어려움과 외로움에서 아내와 엄마로서가 아닌 독립된 여성으로서 나의 정체성을 찾아가기 시작했다. 나의 정체성에 대해 눈을 뜨기 시작하니 밉기만 했던 남편에 대한 마음이 변화되기 시작했다.

또 가사와 육아의 가치가 열등하다고 생각해서 나 스스로에 대한 자존감도 한없이 낮아졌고 이런 생각들이 나를 지치게 했던 것 같다. 여러 번 내가 가지고 있는 자격증을 들고 직장에 나가고 싶은 마음도 많았다. 하지만 두 아이를 두고 직장에 나갈 용기는 없었다. 지금 생각해보면 그때 두 아이와 함께 있었던 것이 내가 잘한 일 중에 하나라고 생각한다.

닭살 부부로 살고 싶다

우리 부부는 작년부터 다시 데이트를 하기 시작했다. 남편이 선물로 받은 커피 쿠폰을 사용하기 위해 커피숍으로 향했다. 차를 마시면서 짧은 연애 시절 소소한 일상을 나누지 못했던 아쉬움이 생각났다. 아무런 기대 없이 시작된 부부 데이트는 한 달에 1번 진행되는 중요한 부부만의 일정이 되었다. 남편과의 데이트가 기다려지고 좀 더 나를 예쁘게 꾸미고 나가고 싶은 마음도 생기게 되었다. 결혼 16년차에 다시 연애 시절과는 다른 깊이의 데이트가 시작된 것이다.

너무나 의존적이었던 내가 부모를 떠나 독립을 이루고 남편과 둘이 한 몸이 되어가는 연합의 과정을 보내고 있다. 우리 부부는 독립과 연합의 과정을 통해 좀 더 건강해지고 좀 더 행복한 시간을 만들어가고 있다는 생각이 든다.

"모든 일에는 다 때가 있다. 세상에서 일어나는 일마다 알맞은 때가 있다. 태어날 때가 있고 죽을 때가 있다. 심을 때가 있고 뽑을 때가 있다. 죽일 때가 있고 살릴 때가 있다. 허물 때가 있고 세울 때가 있다. 울 때가 있고 웃을 때가 있다. 통곡할 때가 있고 기뻐 춤출 때가 있다."

전도서에 나온 말씀을 보면서 나에게 허락된 다양한 때를 잘 보내고 이제 또다시 다가올 시간을 향해 도망치지 않고 전진하는 삶을 살아내길 결심해본다. 남편과 더 달달한 데이트 역시 기대하면서 말이다.

최고의 학교와 교사는
가정과 부모이다

아이에게는 비평보다는 몸소 실천해 보이는 모범이 필요하다.
– 조제프 주베르

가정이여, 살아나라

첫째 아이가 유치원을 졸업할 즈음 우리 부부는 너무나 빠르게 변하는 세상에서 자녀를 어떻게 키워야 할지 고민하게 되었다. 일반 초등학교에 보내야 할지, 아니면 집 근처에 있는 기독 초등학교에 보낼지를 두고 주변 지인들에게 조언을 구했다.

여러 고민 끝에 남편은 홈스쿨링을 제안했고 우리 가정은 '가정이 학교가 되고 부모가 교사가 되는' 홈스쿨링을 시작하게 되었다. 가장 멋진 파트너인 남편은 교장선생님이 되고 엄마인 나는 전담교사가 되어 '물댄동산 홈스쿨'이라 이름도 지었다.

우리나라 교육의 목적은 명문대 입학인 듯하다. 엄마의 정보력과 아빠의 무관심과 할아버지의 재력이 있어야 한다고 말하는데 우리 가정은 한참 부족하다. 그러나 이 시대에 휩쓸리지 않고 우리 가정이 지켜야 할 기준을 세워 건강한 자녀와 부모가 되고 싶다는 꿈이 홈스쿨을 통해 시작되었다.

홈스쿨링을 시작한 1년 정도는 긴장감이 있었는지 집에서 낮잠도 못자고 긴 시간 전화 통화도 자제하며 살았다. 부모의 삶이 자녀에게 가감 없이 노출되니 나를 바라보는 아이의 눈이 마치 CCTV처럼 불편하기도 하고 부끄럽기도 했다. 점점 나만의 시간은 사치가 되어갔다.

홈스쿨링을 통해서 우리 가정은 본격적인 '홈 만들기' 훈련에 돌입하게 되었다. 대부분의 사람들은 '홈'보다 '스쿨링'에 대해 관심을 갖는다. 그러나 우리에겐 학습이 우선이 아니다. '물댄동산 홈스쿨'은 다른 사람들이 궁금해하는 일관된 커리큘럼도 체계적인 학습 계획도 없다. 다만 홈스쿨링의 기본이라 생각되는 것들은 있다.

가정 내에서 부부 관계를 기본으로 부모와 자녀와의 관계 그리고 자녀끼리의 관계를 바로 세워가는 것에 집중했다. 이를 위해 무엇보다 성품 훈련에 우선순위를 두었다. 물론 가정이 건강한 사회성을 경험하는 발판이 되어야 한다는 기준을 놓치지 않았다. 부모가 함께 자녀 양육의 주체가 되면서 우리 부부는 서로 새롭게 알아가게 되었다. 이 과정에서 가정에서의 일상을 함께 나누며 부부의 관계가 더욱 친밀해지는 유익도 맛보게 되었다.

우리 부부가 홈스쿨링이라는 무모한 도전을 과감하게 할 수 있었던 것은 아이가 다니던 '즐거운 유치원'의 송윤광 원장님과 이송자 원장님 부부의 영향이 컸다. '즐거운 유치원'에 다니는 동안 귀에 못이 박히도록 들었던 말은 "자녀 교육의 책임은 부모에게 있다."라는 말이었다. 두 분의 교육 철학과 부모 교육을 통해 많은 학부모들의 가치관이 변화되는 것을 목격했다.

이런 변화의 흐름에 우리 가정도 동참했다. 그래서 홈스쿨링에 대한 도전이 낯설기는 해도 두렵지는 않았다. 아마 우리 부부가 성장할 수 있도록 끊임없이 배움의 자리를 열어주신 두 분 원장님의 영향 때문인 듯하다. 우리 부부는 겸손한 마음으로 열린 환경을 통해 '부모 됨'을 충실히 훈련할 수 있었다.

멀리 가려면 함께 가라

우리 가정이 홈스쿨을 시작해서 4년차가 되는 2016년에는 여러 가지로 큰 변화가 시작되었다. 이때 첫째 아들 희성이가 열한 살, 둘째 예성이가 열 살이 되는 해였다. 독서의 중요성은 알고 있지만 좀 더 좋은 독서 방법을 위해 고민하며 기도하던 중에 주변 지인을 통해서 '책N꿈'을 소개받게 되었다. 책N꿈은 '꿈의 학교' 독서 교사이신 이인희 선생님이 계발한 초등 독서 프로그램이다. 나는 자녀들에게 도움이 되고자 책N꿈 교사양성과정을 수료했다.

같은 마음을 가진 엄마 4명도 함께 교육을 받았다. 이렇게 수료한 4명의 엄마들은 '함께 가는 아이들'이라는 자체적인 공동체 안에서 독서교사로 재능기부를 하게 되었고 우리 자녀들과 또 다른 가정에 30여 명의 아이들과 함께 독서문화운동을 시작했다.

이 시대 아이들은 부정적인 네모인 TV, 스마트 폰, 게임기 등을 붙잡고 산다. 하지만 긍정적인 네모인 책을 붙잡게 하는 책N꿈 독서문화운동은 세상을 향한 엄마들의 작은 저항이라 할 수 있다.

1학년에서 6학년까지 통합연령으로 1주일에 1회 모둠 수업을 진행한다. 이곳에서 아이들은 책을 좋아하게 되고 지나친 경쟁에서 벗어나 공생을 지향하며 유기적인 공동체를 배워간다. 자신의 삶이 '살아 있는 책'이 되기 위해 '엄마교사'로 헌신한다.

2019년 현재 독서문화운동에 참여하고 있는 우리 공동체 아이들은 80명이나 된다. 엄마 교사들도 4명에서 9명으로 늘어났다. 자랑할 것이 없는 부족함이 많은 공동체지만 나와 교사들은 이 땅의 다음 세대인 우리자녀들을 향한 두근거리는 비전을 품고 있다. 엄마인 우리가 먼저 헌신하며 가치 있는 삶을 살아내고 있는 것이다.

"빨리 가려면 혼자 가고 멀리 가려면 함께 가라." 조금 느린 것 같지만여전히 함께 가고 있는 '우리'가 참 좋다.

역사를 전공한 남편은 홈스쿨링을 시작하고 가정에서 두 아들에게 역사 선생님이 되었다. 역사를 좋아하는 둘째 예성이는 아빠와 함께 역사 이야기 나누는 것을 좋아한다. 한국사 능력 검정 초급과정을 스스로 준비해서 합격하는 기쁨도 경험했다.

작년에 함께 공동체에 속한 김은희 씨가 남편에게 역사 수업을 제안해서 현재 여섯 가정이 역사 모임에 참여하고 있다.

직장인인 남편은 집에 돌아오면 쉬고 싶어진다. 하지만 남편은 가정의 교장선생님이기 때문에 우리 자녀들은 물론 다른 가정의 자녀들의 역사 선생님으로 헌신하고 있다. 이 모습을 엄마교사이며 아내인 나의 입장에서 보면 한없이 존경스럽다.

우리 가정은 주원이네 가정과 9년째 만남을 지속하고 있다. 남편에게 역사 수업을 제안했던 김은희 씨가 주원이의 엄마이다. 유치원에서 함께 뛰놀던 아이들이 이제 얼굴에 수염도 나고 굵직한 목소리로 성장할 때까지 수없이 많은 사건과 어려움이 있었다. 그럼에도 여전히 함께하는 이유는 각 가정의 부모와 부모가 한 방향으로 자녀를 교육하고 있기 때문이라고 주원이 엄마는 고백한다.

나는 결혼 전에 사회복지사로 직장 생활을 하다가 결혼 후 1년 반 정도 다니던 직장을 그만두었다. 생각해보면 꽤 오랜 시간 동안 경단녀로 지냈다. 두 자녀를 홈스쿨링으로 양육하면서 가정에서 치열하게 살아온 시간은 경력으로 인정되지는 않는다.

하지만 세상이 바라보는 경단녀라는 시선으로 나의 삶을 바라보며 후회하지 않는다. 가정 안에서 아내로, 엄마로 영향력을 발휘하고 내 자녀와 내 가정의 담을 넘어 세상을 향해 손을 펼치는 여성으로 살아가고 있기 때문이다.

나에게 가정은 최고의 학교이고 부모는 최고의 교사이다.

꿈을 주는 축구선수

– 중1 정희성

마음을 위대한 일로 이끄는 것은
오직 열정, 위대한 열정뿐이다.
– 드니 디드로

나의 꿈은 축구선수다. 내가 축구선수의 꿈을 꾸게 된 것은 손흥민 선수 때문이다. 내 꿈이 축구선수인 이유는 손흥민 선수가 그랬던 것처럼 꿈이 없는 아이들에게 꿈을 찾아주는 역할을 하고 싶기 때문이다.

축구선수가 되기 위해서는 리프팅을 많이 연습해야 된다. 리프팅이란 한 발등으로 공을 원하는 높이로 차서 다른 발등으로 받는 것을 반복하는 것이다. 리프팅을 잘하게 되면 공을 자유롭게 다룰 수 있게 된다. 코치님도 필요하다. 하지만 현재는 코치님이 없어 찾아야 한다.

나는 손웅정 코치님께 배우고 싶다. 왜냐하면 손웅정 코치님은 기본기를 중요하게 여기시고 기본기를 엄격하게 가르치시기 때문이다. 이런 훈련을 통해 나는 기본기가 탄탄한 축구선수가 되고 싶다.

나는 지금 '드림FC'라는 축구팀을 만들고 있다. 동생이랑 축구팀 이름을 어떻게 지을까 이야기를 나누다가 우연찮게 드림FC라는 이름을 짓게 되었다. 아직 후보 인원도 부족하고 공도 부족하고 축구장도 없지만 괜찮다. 시작 단계이기 때문이다.

시작 단계이지만 기본기가 탄탄한 축구팀으로 만들고 싶다. 기본기도 중요하지만 나는 축구 경기를 통해 재미도 느끼고 싶다. 축구 경기를 할 때 나는 너무 큰 재미를 느낀다. 시합 중 상대편 골문을 향해 돌진할 때는 짜릿함이 온몸을 감싼다.

경기에 너무 집중해서 부상당한 것도 못 느낄 정도다. 축구 경기를 통해 재미가 항상 있는 것은 아니다. 축구 경기가 잘 풀리지 않거나 공이 나에게 오지 않을 때도 많기 때문이다. 이럴 때 나는 축구선수로서 갖춰야 할 중요한 가치를 배운다.

축구선수로서 가지고 있어야 할 가치는 인내다. 기본기를 훈련하거나 시합 중 공이 오지 않을 때마다 나는 기다림을 배우고 훈련한다. 그리고 경기에서 가장 중요한 골을 넣는 것도 기다림을 통해 완성할 수 있다는 것을 배운다.

모든 운동이 그렇듯 축구선수는 인내를 훈련하며 인내를 통해 훌륭한 축구선수로 성장하게 된다. 내가 축구팀을 만들 정도로 축구를 좋아하게 된 이유는 2018 아시안게임과 손흥민 선수 때문이다. 2018 아시안게임을 보고 나서 나는 재미로 축구를 시작했다. 재미로 축구를 시작한 이후로 나는 축구의 재미에 푹 빠져들었다. 그리고 손흥민 선수가 골을 넣는 장면을 볼 때마다 제2의 손흥민이 되고 싶은 꿈을 갖게 되었다.

제2의 손흥민이 되기 위해서는 연습을 많이 해야 한다. 손흥민 선수는 7-8세 때 축구를 시작해서 청소년 시기 분데스리가에서 뛰었다. 손흥민 선수의 아버지 손웅정이 나오는 영상을 봤는데, 그 영상에서 손웅정이 말했다. 기본기를 오랜 시간 연습해야 된다고…. 손흥민 선수는 기본기를 6년이나 연습했다. 나는 중요한 게 필드에서 많이 뛰는 건 줄 알았다. 하지만 그 영상을 보고 생각이 바뀌었다. 중요한 건 기본기를 다지고 다음 단계로 나가는 것이었다. 손웅정이 말한 기본기는 건물을 세우기 위해 땅을 다지는 것과 같다.

축구에서도 기본기를 하고 다음 단계로 나가야 된다. 손흥민 선수는 기본기를 열심히 연습해서 기회가 생겼고, 지금은 그 기회가 손흥민 선수를 국가 대표로 만들었다.

나는 어릴 적에 '분당FC'라는 축구팀에 다녔다. 분당FC에서도 두 달 동안 기본기만 했다. 너무 힘들었다. 손흥민 선수는 6년 동안 기본기만 했었는데 얼마나 힘들었을까? 훌륭한 축구선수가 되기 위해서는 기본기를 열심히 연습해야 된다.

그러나 훌륭한 축구선수는 기본기를 통해서만 탄생하지 않는다. 축구 경기는 1명이 하는 것이 아니라, 11명이 하나가 되어 경기를 하는 것이다. 이것을 팀워크라고 한다. 11명이 1명인 것처럼 움직이고 경기할 때 축구 경기는 살아 있는 경기가 된다. 11명이 1명인 것처럼 되기 위해서는 필드에서 뛰는 모든 선수가 한마음, 한뜻이 되어 움직여야 한다. 축구 기술뿐 아니라 선수들 간의 하나 됨, 팀워크도 훌륭한 축구선수가 되기 위해 필요한 요소다. 이런 팀워크를 위해서 나는 내가 먼저 한 발 더 뛰고 다른 선수를 도와주고 섬겨주는 훈련을 할 것이다.

여행 그리고 도전

– 초6 정예성

앞으로 나아가야 한다면, 나아가면 된다.
– 릴리언 카터

내가 어딘가로 여행을 갈 수 있다면 유럽으로 가고 싶다. 유럽에는 재미있는 곳도 많고 교통이 편리해서 여러 나라를 다닐 수 있기 때문이다. 유럽은 인구 7억 3천만 명으로 세계 인구의 11%이고 면적은 10,500,000 ㎢로 육지 면적의 약 7%를 차지하는 대륙이다. 유럽의 거의 모든 국가는 유럽연합이라는 연맹체에 가입해 있다.

내가 도전하고 싶은 여행은 이렇다. 영국에서는 버킹엄 궁전, 빅벤, 국회 의사당, 웨스트민스터 사원을 둘러보고 싶고 그곳에서 피쉬 앤 칩스를 먹고 싶다. 나는 추리소설을 좋아하기 때문에 영국에 있는 셜록 홈즈 박물관에 가보고 싶다. 또 축구 경기도 관람하고 싶다. 왜냐하면 내가 좋아하는 축구선수인 손흥민 선수가 영국 토트넘에서 뛰고 있기 때문이다.

그 다음으로 가고 싶은 나라는 프랑스다. 프랑스에서 가장 유명한 관광지는 에펠탑이다. 그렇기 때문에 나는 프랑스 파리에서 에펠탑을 배경으로 사진을 찍고 싶다. 루브르 박물관, 노트르담 대성당, 베르사유 궁전, 개선문도 가보고 싶은 곳들 중에 하나다.

그 다음으로 독일에 가서 소시지를 먹어보고 싶다. 독일의 소시지는 정말 유명하기 때문이다. 독일에는 동물원도 많다고 한다. 맛있는 음식과 신기한 동물들을 볼 수 있는 독일에 간다면 나는 지루하지 않을 것 같다.

덴마크에는 재미있고 큰 놀이공원이 있다. 바로 티볼리 공원인데 그곳에는 크고 재미있는 놀이기구들이 많다고 들었다. 내 생각에는 정말 재미있는 곳일 것 같다. 레고랜드는 어린이들이 가장 가고 싶어 하는 곳 중에 한 곳이다. 호텔, 놀이기구, 워터파크, 기념품까지 말 그대로 레고 천국이기 때문이다. 덴마크에 가면 빼놓을 수 없는 게 치즈다. 덴마크에 간다면 치즈를 꼭 먹고 오겠다.

유럽 여행의 마지막 행선지는 스위스다. 스위스의 융프라우산은 정말 멋있다고 친구가 말해줬다. 등산을 싫어하는 사람들도 오를 수 있게 기차를 타고 올라갈 수도 있다. 가장 큰 장점은 산 정상에서 먹는 신라면이 아닐까 싶다.

내가 유럽에 가고 싶게 된 계기는 가족이 함께한 말레이시아 여행이다. 2018년에 8박 9일의 일정으로 싱가포르와 말레이시아에 다녀왔다. 그 여행은 나의 첫 해외여행이었고 두 번째 비행기 탑승이었다. 공항 수속, 보안 검색, 짐 부치기 등 나는 모든 것이 신기했다. 비행기에서는 6시간 동안 모니터에 빠져 있었다.

싱가포르에 도착하고 모든 것이 순조로웠다. 놀이공원도 가보고 명소도 둘러보고 동물원도 가고 가족 간의 불화나 다툼도 없었다. 모든 일정이 정말 말 그대로 거의 완벽하게 진행됐다.

하지만 우리 가족의 발목을 잡은 건 바로 음식이었다. 엄마와 아빠는 동남아에 많이 다녀봤기 때문에 상관이 없었지만 나와 형은 많이 고생했다. 결국 나는 여행 도중 장염에 걸렸다. 심하게 토하기도 하면서 참 힘들었다. 다행히 레고랜드에 들어가자마자 나의 장염이 거의 나았다. 역시 어린이의 본능은 숨길 수 없나 보다.

결국 우리 가족은 우여곡절 끝에 다시 인천공항에 도착했다. 새벽 6시에 도착했기 때문에 다들 집에 도착하자마자 4시까지 뻗어서 잤다.

이번 가족 여행에서 배운 점은 도전이다. 나는 현지 음식점에서 한번 주문을 시도했다. 처음에는 어려울 것 같았지만 잘 해냈다. 그 일로 인해 나는 이제 도전하지 않으면 기회를 얻지 못한다는 것을 깨달았다. 우리 아빠는 항상 "무조건 도전해!"라고 말씀하신다.

두 번째 배운 점은 소통이다. 여행을 가려면 먼저 무엇을 해야 되나? 짐 꾸리기? 스케줄 짜기? 숙소 예약하기? 다 맞지만 내 생각에는 현지의 언어를 배우는 게 가장 중요한 것 같다. 언어를 모르면 소통을 할 수 없기 때문이다.

여행을 가는 곳의 모든 언어를 배우기는 어렵기 영어를 잘 배워야 한다. 영어는 만국 공통어로 세계의 거의 모든 사람들이 이해할 수 있는 언어이기 때문이다. 나는 영어를 배우고 있다. 얼마 전에 영어 스피치 콘테스트에 도전했다. 1등 상품이 1주일 동안 미국 연수를 가는 것이지만 처음엔 흥미가 없었다. 그러나 여행을 통해 배운 것처럼 나는 도전했다.

도전에 소극적이던 나를 넘어 새로운 것에 도전하자 본선 진출이라는 결과가 따라왔다. 본선에서는 총 19명이 6명 안에 들기 위해 경쟁했다. 최선을 다했지만 아쉽게도 최종 선발 인원 안에는 들지 못했다. 결과를 받아들고는 '300:19의 경쟁률을 뚫은 내가 왜 19:6을 뚫지 못했지?'라고 생각했다. 본선 때의 내 모습이 떠올랐다. '그때 목소리가 너무 작았어.' 너무 안타깝고 후회가 되었다. 다음날이 되니 이런 생각이 들었다. '아니야. 실패할 수도 있지, 다음 기회가 있을 거야. 실패는 성공의 어머니잖아.'맞다. 더 큰 기회, 더 큰 목표, 더 큰 도전이 있기 때문에 실패할 수도 있다. 나는 후회하지 않는다. 어려운 일이지만 도망치지 않고 도전했기 때문이다.

국가 대표 가즈아

– 초6 정예성

이 세상에 열정 없이 이루어진 위대한 것은 없다.
– 게오르크 빌헬름

내 꿈은 축구선수이다. 러시아 월드컵을 보면서 축구가 가지고 있는 여러 가지 좋은 면을 발견할 수 있었다. 축구는 공 하나만 가지고도 쉽게 할 수 있고, 여러 사람이 같이 모여서 할 수 있는 가장 좋은 운동이다. 그리고 골을 넣을 때에 그 짜릿함은 말로 표현할 수 없을 정도다.

예전에는 야구가 더 재미있었는데 야구에서는 느낄 수 없는 짜릿함과 박진감이 나를 축구에 더욱 흥미를 느끼게 했다. 과거에는 축구는 그냥 공을 차는 것이라고 생각했는데 흥미를 느끼고 난 뒤 축구를 자세히 관찰해보니 축구의 묘미를 더욱 세세히 알게 되었다. 축구를 보기만 할 때는 큰 감흥이 없었는데 축구 경기를 직접 할 때는 흥미가 배가되고 생동감이 가슴을 채운다.

월드컵에서 인상 깊었던 장면은 손흥민의 독일전 골과 조현우의 선방 쇼였다. 손흥민의 골은 체력이 바닥난 상태에서 만들어낸 놀라운 골이었다. 조현우는 동물적인 감각으로 골대 안으로 들어오는 골을 막아내는 멋진 선방 쇼를 펼쳤다.

나는 골키퍼가 되고 싶다. 골키퍼는 수비의 마지막 라인이고 공격의 시작점이기 때문이다. 골키퍼는 축구 경기의 시작과 끝이다. 이런 매력 때문에 나는 현재 팀에서 골키퍼를 맡고 있다. 물론 골키퍼보다는 공격수를 하고 싶어 하는 사람이 많기 때문에 골키퍼 포지션이 항상 비어 있기 때문이기도 하다.

내가 골키퍼를 하다가 골을 먹었을 때는 다른 팀원에 대한 미안함이 크다. 허무하기도 하다. 하지만 공을 막았을 때의 느낌은 그때와 정반대다. 같은 팀 선수들이 잘했다고 말해주고 응원해주니 힘이 나고 더 막을 수 있겠다는 자신감이 생기기도 한다.

내 롤모델은 조현우다. 요즘 조현우가 월드컵에서 골을 막은 것이 운이라는 소문이 나돌고 있다. 하지만 나는 그렇게 생각하지 않는다. 조현우는 어린 시절에 키가 작았고 2002년 월드컵을 보면서 자랐다고 한다. 또 조현우는 아버지의 회사가 부도가 나 뒷바라지를 제대로 해주지 못했음에도 불구하고 K리그 최고의 골키퍼로 우뚝 섰다. 그렇게 어려운 상황에서 얼마나 많이 연습을 했으면 국가대표로 뽑혔을까! 물론 어려움도 있을 것이다.

나는 만약 부상을 당해 주전 자리를 뺏기거나, 팬들의 야유를 받을 때 좌절하고 포기하고 싶어질 것 같다. 하지만 계속 연습을 하고 잘 버텨낸다면 이겨낼 수 있을 것 같다.

나는 키가 작아서 친구들에게 놀림을 받은 적이 있지만 조현우처럼 이겨내고 싶다. 내가 읽는 축구 책의 제목은 『올 어바웃 사커』이다. 그 책에는 전술, 규칙, 기술, 정보, 통계가 나와 있다. 대표적인 연습벌레는 박지성이다. 박지성은 아버지가 반대하는 축구를 끝까지 연습해 결과를 뒤바꿨다. 그래서 결국 지금의 박지성이 있는 것이다.

내가 축구를 하는 풋살장은 2개의 경기장이 하나의 울타리 안에 들어 있다. 풋살장에 갈 때에는 축구를 빨리 하고 싶어서 몸이 근질근질하다. 돌아올 때는 지쳐서 많이 힘들다. 어릴 때에는 그곳에서 계속 축구를 하고, 또 기회가 생기면 다른 데에서 축구를 해보고 싶다.

만약 내가 축구를 못하게 된다면 나는 상당히 큰 충격을 받고 또 많이 심심해할 것 같다. 왜냐하면 지금 나의 삶이 축구로 인해서 매우 활기차게 변하고 있기 때문이다. 나는 지금 우리 집 근처 풋살장이 있고, 수시로 함께 연습할 수 있는 형도 있고, 공동체 친구들과 홈스쿨을 하고 있어서 시간을 잘 활용할 수 있어서 감사하다.

축구선수가 되기 전에는 당연히 축구선수가 되고 싶어 한다. 하지만 축구선수가 되고 나면 또 꿈이 생긴다. 아시안게임 발탁과 우승, 올림픽

발탁과 우승, 마지막으로 월드컵 발탁과 우승, 꿈은 꼬리를 물고 계속 이어진다.

만약 조현우가 내 선생님이 된다면, 나는 조현우의 기술을 배우고 싶다. 나는 20살에 데뷔를 해서 23살까지 K리그에서 뛰고, 24살부터 30살까지 프리미어 리그에서 뛰고 싶다. 그 사이에 국가대표에 발탁되어 병역 문제를 해결하면 좋겠다. 그리고 만약에 내가 국가대표가 된다면 열심히 연습해 주전 자리를 꿰차고 싶다.

나는 엄마로부터 성실하다는 칭찬을 들었던 기억이 난다.

"사랑하는 아들아, 너는 참 성실해. 너는 한 번 시작한 일은 포기하지 않고 끝까지 노력하는 성실함을 가졌구나. 너는 무엇이든지 하고자 하는 일을 이룰 수 있을 것이다. 엄마는 너를 사랑하고 네가 자랑스럽다."

나에게 성실함의 성품을 격려해주신 엄마의 응원을 기억하며, 아자아자! 파이팅!

미래에 기자가 마이크를 들이대고 우승 소감을 묻는다면, 기쁨을 나누고 싶고, 축구선수가 되는 데 도움을 준 사람들에게 감사하다고 말하고 싶다. 그리고 만약 그 꿈을 못 이룬다면? 그건 그때 생각해야겠다.

박정원 패밀리
–

가족 소개

지금까지 이런 가족은 없었다. 아들 같지만 든든한 남편, 친구 같지만 순종적인 첫째 아들, 좋은 성품의 살림 밑천 둘째 딸, 귀엽고 또 귀여운 셋째 딸, 아장아장 자기만 아는 넷째 아들, 뮤직 테라피스트이며 홈스쿨링 교사이고 작가인 저입니다. 욜로 패밀리 아자!

YOLO

육아에는 전문가가 없다

경험으로부터 가치를 만들어 내는 법을 찾아라.
— 수잔 제퍼스

다시 시작이다

"여보! 임신이야!"

남편은 그때 내 목소리가 거의 비명에 가까웠다고 기억한다. 피곤한 일상과 처음 걸려본 피부염 때문에 컨디션이 안 좋아서 그런 줄 알았지 임신인 줄은 상상도 못했다. 테스트기에 그어진 선명한 두 줄이 아직도 눈에 선하다.

셋째가 24개월 즈음 넷째를 가지고 싶은 마음이 생겼지만 막상 낳으려고 하니 엄두가 나질 않았었다. 더구나 교회를 막 개척한 터라 목사의 아내로서 할 일도 많았다. 그런데 임신, 그것도 넷째라니, 솔직히 감사한 마음이 들지 않았다.

피부염도 너무 가려워서 힘들었다. 의사가 처방한 약한 연고라도 바르고 싶었지만 어디 엄마 마음이 그런가? 혹시라도 태중 아이에게 영향을 미칠까 싶어 바르지 못했다.

다행히 충격과 한숨은 금방 사라졌다. 망설였던 셋째도 낳고 보니 그렇게 좋을 수 없었는데 넷째도 그럴 것이라고 기대가 되어 금방 웃을 수 있었다.

예정일이 아직 남았는데 배가 아파 혹시나 해서 병원에 갔더니 산통이었다. 산통이 그리 길다고 느껴지지 않았고 심지어 세 번 정도 힘을 주니 아이가 나왔다.

'어? 벌써? 아직 힘을 더 써야 할 것 같은데….'

임신과 출산을 반복한다고 해서 익숙해지는 것이 아니라고 생각했는데 몸은 기억하고 있었나 보다. 대부분의 엄마들이 출산의 고통을 금방 잊는다. 사실 출산의 고통은 트라우마에 가까워서 잊을 수 없을 듯하지만 고통보다 기쁨이 더 크기 때문이 아닐까 싶다.

결핍은 성장의 동기라는 말이 있다. 어떤 필요가 있기 때문에 없던 마음이 생기고 어려운 일에 도전하여 그 일을 성취하면 이로 인해 한 단계 성장할 수 있다.

넷째 출산이 너무 갑작스러워서 아이들을 맡길 곳이 없었다. 특히 무서움을 느끼기 시작한 여섯 살 셋째가 걱정되었다. 방법이 없으니 열두 살 된 첫째와 열 살 된 둘째에게 부탁할 수밖에 없었다. 이미 홈스쿨링으로 어느 정도 자립심이 키워진 터라 아이들을 믿었다. 그리고 아이들은 나의 믿음 이상으로 서로를 돌보며 지켜주었다.

다음 날 아빠와 함께 병원에 온 셋째의 얼굴은 너무 편해 보였다. 간밤에 오빠와 언니가 잘 돌봐주어서 편하게 잘 있었다는 말을 들으니 세 아이 모두 참 대견하게 여겨졌다.

세 아이의 평안한 얼굴을 보니 이제 막 태어난 넷째의 얼굴이 더 사랑스러워 보였다. 남들이 거의 경험하지 못하는 넷째이지만 이미 세 번의 출산과 양육을 거쳤기에 내심 자신이 있었다. 더구나 소신을 가지고 홈스쿨링으로 세 아이를 키우는 주도적 엄마 아니던가! 넷째 정도는 식은 죽 먹기라 여겼다. 물론 그것이 교만이었다는 것을 아는 데 오랜 시간이 걸리지 않았지만 말이다.

2시간마다 젖을 먹이고 채 회복되지 않은 몸으로 세 아이를 돌보는 일은 생각보다 벅찼다. 첫 2주간은 친정엄마가 돕고 이후로는 남편이 잘 도와주었지만 쉽지 않았다. 그래도 이 일은 마음으로 예상했던 터라 그다지 어렵지 않았다.

넷째 아이의 패턴이 앞의 세 아이와 전혀 다른 것이 발목을 잡았다. 돌이켜보면 세 아이의 패턴이 모두 달랐는데 까맣게 잊고 있었다. 각각의 아이는 각각의 특성이 있고 엄마는 오롯이 그 특성을 맞출 수밖에 없다. 또다시 나를 내려놓고 아이에게 맞출 수밖에 없었다.

함께해서 좋다

그래도 다행인 것은 세 자녀들이 너무 잘 도와주었다. 내가 속한 지역 공동체에 속한 한 엄마는 첫째가 사춘기에 들어섰을 때 띠동갑 둘째를 낳았다. 사춘기인 첫째도 갓 태어난 둘째도 자기 소리만 내며 엄마인 자기만 바라보더란다. 이 엄마는 '난 누군가 여긴 어딘가?'를 되뇌며 밤마다 울며 아이를 키웠다고 한다.

임신과 출산 그리고 육아를 하는 동안 여성은 각종 호르몬의 영향으로 인해 감정이 오르락내리락 롤러코스터를 탄다. 그 엄마의 말에 절절히 공감했고 또 함께 웃었다. 이 또한 지나가리니.

내 배로 낳은 아이들인데도 다 다르다. 엄마는 그 개성에 따라 반응하고 인정하고 지지해줘야 한다. 혹 엄마의 성향이나 선호도와 다를 지라도 아이들의 감정을 있는 그대로 받아주고 공감해주어야 한다. 감정만 받아줄 것이 아니라 바른 행동으로 이끌어주어야 한다.

물론 쉽지 않다. 나도 내 주장이 강한 한 인격이고 분명 어린 자녀들이 잘못하고 있으니까. 그럼에도 나를 내려놓고 교감에 성공하면 자녀들도 나도 훌쩍 성장하는 것을 느낀다. 잘하려고 흉내 내다 보면 어느 새 낙제점을 벗어난 나를 발견한다. 그런 면에서 넷째는 조금은 성장해 있는 엄마랑 자랄 수 있어 더 큰 축복이라고 본다.

그럼에도 이전의 세 아이를 키운 경험이 교만이 되지 않도록 마음과 생각을 새로이 해야 한다. '그래, 너는 나의 첫 번째 넷째이다.' 이 마음을 먹으니 이제야 아이가 보이기 시작한다. 하루하루 커가는 아이와 함께 나도 자라간다.

이어령 작가가 자신의 책에서 이런 말을 했다. 노아의 방주에 육식동물과 초식동물이 어떻게 공존했을까? 그런데 이사야 11장 6절에 이렇게 적혀 있는 것을 보고 알게 되었단다. 사자들이 어린 양과 뛰어 놀고 독사 굴에 어린 아이가 손을 넣어도 물지 않는, 본능적인 욕망을 따라 해를 끼치기보다 서로 사랑하며 위하는 그곳이 천국이라고 말이다.

노아의 방주가 그랬다면 가족도 그럴 수 있지 않을까? 노아 역시 처음 경험한 방주에서 그렇게 지낼 수 있었다면 우리 가족도 충분히 그럴 수 있을 거라 믿는다.

육아에는 전문가가 있을 수 없다. 각각의 개성이 너무 다르기 때문이다. 넷째를 내 경험으로만 대했다면 아기도 나도 힘만 들었을 것이다. 다름을 인정하고 대할 때 비로소 아이가 보이고 내가 보였다.

가족 간에도 이렇게 대하면 더 좋을 거라 생각한다. 서로 익숙하고 누구보다 잘 알고 있기 때문에 크고 작은 실수가 되풀이되고 때론 돌이킬 수 없는 상처를 주기도 한다. 익숙한 넷째를 '나의 첫 번째 넷째'로 대하기로 마음을 먹었듯이 익숙한 가족일지라도 어제와 다른 '오늘 처음 만난 가족'으로 대한다면 그런 실수와 상처들을 조금은 줄일 수 있지 않을까. 그렇게 천국 같은 가족에 한걸음 더 가까이 다가가는 것 아닐까.

굿패밀리를 소개합니다

하늘의 기회는 견고한 요새에 미치지 못하고
견고한 요새도 사람의 화합에는 미치지 못한다.
– 맹자

공동체의 필요성

한 아이를 키우려면 한 마을이 필요하다는 말처럼 혼자만 잘한다고 해
서 아이를 잘 키울 수 없다. 그렇기 때문에 좋은 공동체가 절실한데 이런
공동체를 찾기가 쉽지 않다. 그런데 다행히 나에게 그런 좋은 공동체가
찾아왔다. 지금부터 소개할 '굿패밀리' 말이다.

굿패밀리는 험한 세상에서 자녀를 잘 키우기 위해 설립되었다. 그러다
보니 부모 교육에 중점을 둔다. 많은 엄마들이 이곳에서 스스로에게 던
진 질문에 답을 찾아간다.

'어떻게 이 험한 세상에서 내 아이를 잘 키울 수 있을까? 나는 왜 아이

가 어려울까? 나는 누구이고 너는 누구인가?' 자녀를 키우면서 한 번쯤은 던진 질문일 것이다.

누구나 처음 부부가 되고 부모가 되다 보니 결코 잘할 수 없는 일이기 때문에 마음만 괴로울 때 '즐거운 유치원' 이송자 원장님을 만났다. 이송자 원장님은 사비를 털어가며 엄마들을 교육하는 일에 온 마음을 쏟았고 나도 큰 혜택을 보았다.

처음엔 남들 앞에 서서 "안녕하세요. 저는 누구의 엄마입니다."라는 인사도 못하고 눈물만 흘렸던 엄마들이 10년 동안 함께 교육받으며 참 많이 자랐다. 서로를 위로하고 격려하면서 이제는 초보엄마들의 고민을 들어주며 함께 이끌 정도가 되었으니 말이다. 엄마들을 돕기 위한 한 사람의 헌신이 이렇게 좋은 공동체를 만들었다.

굿패밀리는 양평에 위치한 '조슈아 홈스쿨'에서 교육을 담당하는 이정연 대표님이 만들었다. 자라는 세대들에게 올바른 가치관으로 살아갈 수 있도록 돕기 위해서였다. 하지만 양평과 거리가 있는 분당인지라 이 지역의 엄마들과 자체적인 모임이 더 많다. 그래서 굿패밀리의 소속이 조금 혼동되기는 하지만 자녀를 위한 교육 공동체라는 정체성은 흔들리지 않는다.

우리가 소속된 공동체만의 교육 프로그램 중 '책N꿈'이라는 독서 프로그램이 있다. 독서의 중요성이야 굳이 말하지 않아도 알 것이다. 하지만 미디어에 물든 아이들이 독서를 하기란 쉽지 않다. 그래서 이 프로그램이 더 가치 있어 보인다.

책N꿈은 자녀들이 책을 통해 진정한 가치를 찾고 책과의 만남을 통해 자신의 꿈을 발견할 수 있도록 돕는다. 듣기, 읽기, 쓰기, 말하기로 나누어 훈련하는 통합적인 프로그램이고 단계별로 나뉘어 수준에 맞게 참여할 수 있다.

예를 들어 이번 수업의 주제가 '도전'이라면 도전에 대한 사전적 정의를 바탕으로 개념을 확장하여 아이들에게 가르친다. 초등 전 학년이 통합으로 들어도 모두 참여할 수 있는 이유가 여기에 있다. 저학년과 고학년이 자신에게 알맞은 정도의 개념을 스스로 배운다.

모든 수업에서 교사의 역할은 유치원에서 만나 함께 울고 웃었던 엄마들이 맡았다. 평범한 엄마들이 '책N꿈 교사 교육'을 받아 자신의 자녀는 물론 공동체에 속한 다른 자녀들도 가르치고 있는 것이다. 처음엔 1개 반이었는데 지금은 10개 반이 되었다.

협력하는 자세를 훈련하기 위해 합창도 함께 한다. 프랑스의 초등학교는 의무적으로 주 2시간씩 합창 수업을 하고 중학교는 선택과목으로 운영한다. 아이들의 자존감을 높이는 데 이만한 교육이 없다고 한다. 실제로 공동체에서 합창 수업을 받는 한 아이는 수줍음이 많아 발표를 못 했었는데 합창 공연을 함께 하면서 발표를 할 수 있게 되었다.

합창은 나의 소리뿐 아니라 너의 소리를 함께 들어야 한다. 파이디온 선교회에 소속된 송세라 선생님은 각각의 아이들의 개성에 맞추어 조화로운 소리를 낼 수 있도록 지휘한다. 3.1절 100인의 합창단에도 뽑히고 정식 연주회도 열어 성황리에 마친 것은 물론 앨범도 낸 베테랑 합창단이 되었다.

우리 자녀들도 합창을 했으면 좋았겠지만 시기를 놓쳤다. 중간에 들어가는 것은 어렵고 한 기수를 더 만드는 것도 만만치 않았다. 그런 와중에 공동체 내에서 오케스트라에 대한 요청이 일기 시작하였다.

나도 우리 자녀들에게 오케스트라의 악기를 가르치고 싶은 마음이 있었다. 바이올린이나 첼로는 물론 바순이나 플룻 같은 악기들을 연주하는 자녀들의 모습을 상상만 해도 너무 행복했다. 피아노를 전공한 엄마로서 가족 관현악단을 만들고 싶기도 했다. 남편은 탬버린을 치면 되니까.

오케스트라를 구성하는 일은 합창보다 어려운 일이다. 지휘자 한 명으로 진행되는 합창과 달리 파트마다 선생님이 있어야 하고 각자 악기도 구입해야 하며 이를 조율할 총무도 따로 있어야 하기 때문이다. 레슨 비용도 부담스러웠다. 그래서 부모들의 요청은 많았지만 쉽게 시작할 수 없었다.

그러던 중 우연히 성남시에서 주관한 '마을사업'이라는 것을 알게 되었다. 좋은 지역 마을을 만들기 위해 국가가 예산을 지원해주는 것이다. 누구나 다 받을 수 있는 것은 아니고 좋은 취지와 구체적인 사업안을 제출해야 한다.

우리 동네를 아름답게 가꾸기 위해 헌신하시는 일명 '꽃통장님'이라는 열정적인 헌신자가 계신데 이분을 통해 마을사업을 알게 되었다. 문제는 누가 시청에 가서 사업 설명을 하고 이 사업을 따올 것인가 하는 것이었다. 나는 서류나 돈 계산은 정말 못한다. 가계부도 안 맞아서 몇 번을 보는데 이런 일을 어떻게 할 수 있겠는가. 하지만 왠지 내가 총대를 메야겠다는 생각이 들었다.

마음을 먹고 공동체 내 다른 엄마들에게 도움을 요청했더니 두 분의 엄마가 도와주시겠다고 하셨다. 박다롱 씨와 배형숙 씨였는데 지면을 빌어 다시 한 번 감사를 드린다. 정말 두 사람이 없었다면 엄두도 못 낼 일이었다.

실제 업무는 꽃통장님의 도움을 받았다. 서류를 작성하고 이것저것 준비하는 데 시간이 많이 걸렸다. 하긴 5일 전에 알았으니 정신이 없을 만도 하다. 그렇게 서류를 제출했는데 마지막 날 마감 시간인 5시에 딱 맞췄다.

서류가 무사히 통과만 해도 좋다는 생각을 했는데 정말 그렇게 되었다. 뱃속의 아기와 함께 성남시청으로 향하는 발걸음이 가볍기만 했다. 마지막 절차인 사업 프레젠테이션을 해야 했는데 정말 떨렸다.

겨우 발표를 마치고 내려왔는데 심사관 한 분이 자신도 아이가 넷이라고 했다. 쟁쟁한 후보들이라 긴장했는데 사업이 선정되었다는 소식을 듣고 정말 기뻤다. 애만 키우던 엄마가 서류를 작성하고 프레젠테이션 하며 내가 무엇인가를 해냈다는 성취감이 얼마나 큰지 몰랐다.

　그렇게 국가 예산으로 우리 공동체에 '조이 오케스트라'가 창단되었다. 진행 중에 작은 잡음들이 있었지만 5개월의 과정을 잘 마쳤고 작은 연주회도 가졌다. 첫 연주회 때 여전히 낑낑 대는 소리를 면치 못한 아이들도 있었는데 함께 연주를 하니까 그 소리마저 아름답게 들렸다. 그런 아이들을 보고 있는 많은 엄마들의 눈시울이 붉어졌다.

　2012년 프랑스 부르고뉴대가 연구한 연구 결과를 보면 지속적으로 음악 수업을 받은 학생들은 그렇지 않은 학생들에 비해 수학은 25%, 암기 테스트는 75% 높은 점수를 받은 것으로 나타났다. 악기를 다루는 것만 익혀도 좋은데 정서와 학업 성취도까지 일석삼조의 이득이 있는 이 일을 어찌 안 하겠는가?

　큰 잡음 없이 책N꿈이나 조이 오케스트라가 운영될 수 있었던 것은 그곳에 모인 엄마들이 같은 가치로 함께 모였기 때문이다. 부부가 마음을 하나로 모으는 것도 어려운데 수많은 가정들이 하나 된 마음으로 가는 것은 정말 어려운 일이다.

　이 일을 위해 늘 수고하시는 이송자 원장님께 다시 한 번 감사하고 함께하는 엄마들 역시 너무 고맙고 감사한 존재들이라 여겨진다.

우리 가정은 굿패밀리 공동체 안에서 더 좋은 가정으로 자라고 있다. 함께하는 남편과 사랑하는 지민, 지수, 지율, 지산 네 자녀들과 늘 좋은 날만 있을 수 없기에 더욱 공동체가 필요하다. 물론 이곳에서 받은 것보다 더 크게 돌려주고 싶고 더 나아가 많은 이에게 좋은 영향을 끼치는 가족으로 자라고 싶다.

자전거 길 따라 4대강 종주하기

– 초6 박지민

우리의 인생은 우리가 노력한 만큼 가치가 있다.
– 프랑수아 모리아크

우리는 자전거 가족

나는 자전거로 4대강 종주를 하고 싶다. 4대강 종주란 한강, 낙동강, 금강, 영산강을 따라 만들어진 자전거 도로를 따라 자전거로 완주하는 것을 말한다. 한강은 202km, 낙동강은 389km, 금강은 146km, 영산강은 143km로 총 905km이다.

내가 자전거로 4대강 종주를 하고 싶은 이유는 자전거를 정말 좋아하기 때문이다. 내가 자전거를 좋아하게 된 계기는 아빠다. 아빠는 자전거를 좋아했고 나도 함께 타면서 자연스럽게 자전거가 좋아졌다.

아빠는 개구쟁이 같을 때가 많은데 그러면서도 나에게 많은 것을 가르쳐주신다. 엄마는 잘 알지 못하는 과학지식이나 여러 가지 상식들을 너무 많이 알고 있다. 무엇이든 모르는 것이 있으면 아빠에게 물어본다. 그럼 답이 척척 나온다.

아빠와 자전거를 탈 수 있는 것은 엄마의 도움이 있기 때문이다. 아빠가 없는 동안 어린 동생들을 돌봐주시기 때문에 나도 아빠도 재미있게 자전거를 탈 수 있다. 두 살 어린 지수도 함께 자전거를 타면 좋겠지만 여자라서 그런지 나보다 자전거에 대한 관심이 적다.

가끔 온 가족이 양평을 자전거를 타러 간다. 팔당 역에서 오빈 역까지 20km 정도를 타는데 길도 좋고 풍경도 좋기 때문에 별로 힘들다는 생각이 들지 않는다. 예전에는 기찻길이어서 터널이 나오는데 터널을 자전거로 처음 들어갈 때 기분은 정말 너무 좋다.

이때 처음으로 인증센터라는 것을 알게 되었다. 우리나라에서 만들어 놓은 인증센터는 전국의 자전거 도로를 따라 있는데 수첩을 한 권 사서 도장을 찍을 수 있었다.

나는 아빠가 인증수첩을 사줘서 도장을 찍기 시작했는데 도장 하나를 찍을 때마다 도장에 대한 정보, 느낌, 얼마나 힘든지 등등을 적어서 책으로 내고 싶어졌다. 만약 내 글이 책에 실린다면 소원이 하나 이뤄지는 셈이다.

내 인증수첩에 도장이 하나씩 늘어나는 것을 보면서 빈칸에 도장을 채우고 싶어졌다. 그래서 자전거를 더 타고 싶어졌고 아빠와 함께 국토 종주를 시작했다. 서해 아라갑문에서 부산의 낙동강 하구까지 600km를 6일 동안 달려서 완주했다.

자전거로 삶을 배워요

나는 자전거를 통해 삶을 배워가고 있다. 예를 들면, 자전거로 오르막을 오르는 것은 정말 힘들다. 아빠와 국토 종주 중 박진고개를 넘은 적이 있는데 정말 힘들었다. 가장 낮은 기어를 놓았는데 페달을 밟을 수 없어 결국 자전거를 끌고 올라야 했다.

아빠도 자전거를 끌고 오르다가 힘들어서 주저앉았다. 고개를 오른 다른 사람들도 이 고개가 힘들다고 벽에 글씨를 써놓았다. 그중에 가장 웃기고 공감이 되는 문장은 '내 허벅지 여기에 잠들다.'였다. 욕도 많이 적혀 있었다. 아빠는 정말 힘들었는지 그 욕을 소리 내어 읽으셨다. 아들 앞이라 욕은 못하고 따라 읽으신 거 같다. 그만큼 힘들었다.

그렇지만 자전거로 고개 정상에 섰을 때 뿌듯한 성취감, 탁 트인 풍경, 깨끗하고 시원한 바람, 맛있는 간식 그리고 말로 표현하지 못할 상쾌한 내리막길이 나를 기다리고 있었다.

최근에 나는 첼로를 배우기 시작했는데 힘들다. 우선은 첼로가 나에게 크고 무겁다. 이동할 때 너무 크다 보니 자주 부딪히고 무거워서 팔이 아프다. 연습할 때마다 가방에서 첼로를 빼서 세팅을 하고 연습한 후 다시 가방에 넣는 것도 너무 번거롭다. 이렇게 첼로가 힘들 때마다 자전거로 올랐던 박진고개를 떠올린다.

힘든 연습을 후에는 원하는 곡을 연주할 수 있고 사람들 앞에서 자유롭게 연주하며 박수를 받는 모습을 상상하면 자전거로 박진고개 정상에 선 것 같은 느낌이다.

또 속상할 때마다 자전거를 타면 금방 괜찮아진다. 하루는 어떤 아이 때문에 억울하고 화가 난 상태였다. 그래서 자전거 핸들을 주먹으로 치며 집으로 오는데 마음이 풀어졌다. 내가 상대를 안 하면 되는 일인데 나도 원인을 제공한 것 같다는 생각이 들었다. 그런 면에서 자전거는 내 삶의 스승이기도 하다.

이 모든 것을 책으로 내고 싶다. 만약 책이 잘 팔린다면 그 금액 일부를 도로공사에 기부하여 더 나은 자전거 도로를 만들고 싶다. 왜냐하면 내가 자전거로 국토 종주를 하던 중 한 60대 할아버지가 국토 종주를 하시다가 "뭔 도로를 이 따위로 만들었어?"라고 하셨기 때문이다.

그 모습을 보면서 '도로가 험하고 좁으면 사람 마음도 험하고 좁아진다.'고 생각했다. 그래서 도로를 매끈하고 넓게 만들면 사람 마음도 매끈하고 넓어질 것 같아 일단 내가 좋아하는 자전거 도로부터 넓히고 싶다.

이 할아버지를 보면서 한 가지 더 느낀 점이 있다. '내가 아무리 늙었어도 마음만 먹으면 언제든지 할 수 있다.'라는 것이다. 내 나이가 예순이든 칠순이든 나에게 의지가 있으면 무엇이든 가능하다고 하셨다.

아빠가 예전에 자유의지에 대해 말씀하신 기억이 났다. 내가 원하는 것을 선택하고 행동하고 책임지는 것이다. 나도 자유의지를 끊임없이 단련시켜 어떤 상황에서도 할 수 있다는 마음으로 도전할 것이다. 그리고 그 마음으로 자전거를 탈 것이다.

자전거를 잘 타기 위해 해야 할 것이 있다.

첫째, 자전거를 꾸준히 타는 것이다. 매일 어학원을 자전거로 왕복하겠다. 날씨가 나쁘더라도 자전거를 타고 다닐 것이다. 어학원 왕복뿐 아니라 혼자 한강 왕복도 하고 싶다.

둘째, 밸런싱을 맞추는 것이다. 내가 말하는 밸런싱이랑 자전거 기어비와 속도 또는 경사도를 적절히 조절하면서 타는 것이다. 아빠가 케이던스라고 말씀해주셨는데 무슨 말인지 모르겠다.

셋째, 간단한 자전거 정비를 배우는 것이다. 아빠 어깨 너머로 몇 가지 배운 것이 있다. 타이어 공기 압력 맞추기, 체인에 윤활유를 뿌리는 법, 체인이 빠졌을 경우 다시 원래대로 끼워놓는 것이다. 하지만 펑크 수리, 타이어 교환 등 아직 배워야 할 게 많다.

자전거가 고장 나면 '아빠 수리점'을 찾아간다. 가끔 쉬실 때 짜증을 내시기도 하지만 나에게 가르쳐주시며 자전거를 수리해주신다. 이때 나는 아빠의 충실한 조수가 된다.

자전거를 잘 타기 위해 하지 말아야 할 것도 있다.

첫째는 급한 성격 고치기다. 이성계는 작은 오해로 자신이 아끼던 말을 죽였다. 이런 이성계를 보며 교훈을 얻었다. 나도 너무 화가 나서 내 자전거를 부술지도 모른다. 그러니 아무리 화가 나도 마음을 차분히 다스려야겠다.

두 번째는 게으름이다. '게을러지면 뭐든지 말로만 한다.' '아, 몰라. 언젠간 할 거야.'가 되어버린다. 사람은 누구나 편하고 싶어 한다. 하지만 도전은 힘들어도 끝은 행복하다.

만약 내가 4대강 종주를 마치면 엄마가 생각날 것 같다. 엄마가 해준 따뜻한 집 밥이 그리울 것이기 때문이다. 이 일을 마치고 나면 내 마음이 훌쩍 커질 것 같다. 그 커진 마음으로 더 큰 꿈을 향해 도전하겠다. 그리고 다른 사람이 꿈을 이루는 것을 돕겠다.

내가 의사가 되고 싶은 이유

– 초4 박지수

꿈을 계속 간직하고 있으면 반드시 실현할 때가 온다.
– 괴테

내 또래의 친구들은 저마다 꿈을 가지려고 한다. 선생님이나 부모님께서 어릴 때 무엇이 될지 생각해보는 것이 좋다고 하신다. 사실 나는 되고 싶은 것이 많은 것도 같고 또 정확히 무슨 일을 해야 할지 모를 것도 같다. 그중에서 하나를 선택하기란 쉽지 않은 일이다.

그럼에도 하나를 고르라고 한다면 나는 의사가 되고 싶다. 나에게 의사란 아프거나 병든 사람을 치료해서 건강을 되찾을 수 있게 해주는 중요한 사람이다. 나는 의사가 멋있다고 생각한다. 왜냐하면 검진만 하고 그게 무슨 병인지 알아내고 무슨 약을 써야 하는지 다 알기 때문이다.

내가 실제로 본 의사는 내 생각과 동일하게 멋있었다. 귀에 청진기를 걸고 진찰하는 모습이 카리스마 넘쳤기 때문이다. 하얀 가운이 의사의 상징이라는데 내가 보기엔 조금 더러워 보였다. 의사가 더러워도 되나? 물론 열심히 검진하고 치료하느라 그런 것이라 생각되지만 그래도 조금 더 깨끗한 가운을 입었으면 좋겠다고 생각했다.

의사 선생님 말은 누구나 잘 듣는다. 아빠 엄마는 물론이고 우리 학원 선생님도 우리 할아버지, 할머니도 의사 선생님의 말은 다 잘 듣는다. 외할아버지는 가끔 의사 선생님의 말을 듣지 않기도 하신다. 그럴 때마다 외할머니께 혼나는 모습을 보면 의사 선생님 말은 정말 중요한 것 같다.

내가 의사가 되고 싶은 이유는 나도 어릴 때부터 아팠기 때문이다. 나한테는 천식이 있다. 엄마가 말해주었는데 유아천식이라고 한다. 그래서 친구들과 술래잡기를 하거나 오빠랑 장난하면서 너무 많이 웃거나 하면 숨이 가빠오고 기침이 나온다.

요즘은 거의 매일 미세먼지가 나쁨 상태라 이런 날은 가만히 있어도 조금 답답한 느낌이 든다. 미세먼지가 없는 깨끗한 날도 찬 공기를 마시면 기침이 난다. 중국어 교실에 먼지가 많다. 그래서 매일 거기서 기침을 한다. 영어 교실도 마찬가지다.

한 번 시작된 기침을 밤새 한 적도 있다. 물을 마시고 잠깐 앉아 있다가 너무 졸려서 다시 누우면 어김없이 기침이 나온다. 그럼 다시 앉았다 누웠다를 반복한다. 휴~ 생각만 해도 정말 힘들다. 나 때문에 엄마 아빠가 밤새 걱정을 하며 같이 못 주무시게 하는 것도 싫다.

아빠가 그러는데 유아천식은 자라면서 저절로 고쳐지는 경우가 많다고 한다. 그렇게 하려면 편식하지 말고 적당히 운동도 하면서 면역력을 키워줘야 한다. 면역력은 몸을 건강하게 만드는데 이것이 천식을 극복하는 데 도움이 된다고 한다.

천식이 심한 사람들은 호흡이 너무 힘들어 자칫 죽을 수도 있다고 하는데 나는 그 정도는 아니라고 하셨다. 그래도 오빠나 동생은 건강한데 나만 아파서 너무 속상했다.

그래도 우리나라는 병원 시설이 잘 되어 있고 치료를 받기에도 좋다고 해서 다행이다. 병원에 자주 가고 의사 선생님을 자주 보다 보니 나도 의사가 되어 나처럼 아픈 어린이들을 도와주면 좋겠다는 생각이 들었다.

나는 나처럼 기관지가 아픈 사람들을 치료하는 의사가 되고 싶다. 그 꿈을 통해 사람들에게 미소와 건강을 되찾아주고 나 자신도 치료하고 싶다. 그 꿈을 이루기 위해 빈둥거리지 말고 열심히 공부를 해야겠다. 공부하는 것이 싫지는 않는데 가끔 너무 하기 싫을 때가 있다. 그런 날에는 엄마에게 빈둥거린다고 혼이 난 적이 많다.

의사가 되려면 기관지의 구조, 기관지에 나타나는 증상 또는 병, 어떻게 치료하면 되는지 또 그 치료법을 익혀야 한다. 또 시체도 해부해야 한다고 하는데 조금 무섭다.

의사들은 외국어로 된 책으로 공부하기 때문에 영어는 물론 외국어를 많이 배워야 한다. 의사가 되기까지도 정말 어렵지만 아빠는 의사가 되고 나서도 어렵다고 한다. 하지만 지금 있는 의사들은 다 자기의 꿈을 이루어낸 것이 아닐까? 그러니까 나도 도전하겠다. 의사라는 꿈에….

　나중에 의사가 된 나를 생각하면 웃음이 나온다. '기관지 전문의 박지수'라는 이름이 새겨진 하얀 가운을 입고 청진기를 들고 아픈 사람들을 진료하는 상상만 해도 너무 즐겁다. 엄마도 그런 내 모습을 상상하면 즐겁다고 한다. 아빠는 너무 힘든 직업이라 즐거운 건 모르겠고 용돈이나 많이 달라고 하신다.

　의사라는 꿈을 이루면 정말 기쁠 것 같다. 왜냐하면 내 꿈이 이뤄졌고, 병든 사람들을 고쳐줄 수 있고, 내가 어렸을 적 이 책에 쓴 것이 현실이 되었기 때문이다.
　의사라는 직업으로 성공하면 남은 것은 하나님 사랑이다. 이웃 사랑은 이미 실천하고 있으니까 말이다.

행복하고 건강한 가족을 꿈꾸는 분들께

행복은 건강을 기초로 한다. 가족이 행복하려면 가족 간의 관계가 건강해야 한다. 몸이 건강하려면 먹는 것을 절제하고 자신에게 맞는 적당한 운동법도 찾아야 한다. 그리고 이것을 꾸준히 삶의 습관으로 만들 때 건강한 몸을 유지할 수 있다.

건강한 가족도 이와 같다. 인간은 빵만으로 살 수 없는 존재이다. 관계 안에서 인정하고 인정받고 서로 사랑을 주고받아야 한다. 인간만 그런 것이 아니라 세상에 존재하는 모든 살아 있는 것들이 그렇다. 그래서 가족 간에 건강한 관계를 통해 사랑을 주고받을 수 있어야 한다.

관계에는 일정한 원리가 기초가 되어야 한다. 건물을 세우기 전 기초를 먼저 다지듯 건강한 가족을 세우기 위해 건강한 관계의 원리를 먼저 다져야 한다.

사람마다 개성이 다르듯 가족 역시 개성이 있다. 그렇기 때문에 각각의 가족들은 자신만의 스타일을 찾아야 한다. 법률적으로 도덕적으로 큰 문제가 없다면 이전에 '당연하다'고 생각했던 모든 것을 다시 재정립할 수 있어야 한다.

가족으로 살면서 특별한 문제나 위기가 없다면 굳이 가족만의 스타일을 찾을 필요가 없다. 하지만 문제나 위기가 없을 수 없기에 가족만의 스타일이 반드시 필요하다. 문제의 크기에 압도되지 않고 위기의 상황에서 당황하지 않고 가족의 스타일을 따라 살아갈 수 있기 때문이다. 그런 면에서 가족의 스타일은 가족만의 사명이나 비전과 일치하는 것이다. 이러한 사명과 비전은 가족 간에 공유되어야 한다. 부부가 먼저 합의점을 찾고 자녀들과도 함께 만들어가야 한다. 그래서 가족만의 스타일을 찾은 가족은 끊임없이 성장하고 변화한다. 변하지 말아야 할 본질을 알기 때문에 도모해야 할 변화에 힘을 쏟을 수 있다.

이렇게 가족이 재정립될 때 부부가 중심이 되어야 한다. 먼저 삶을 사신 부모님께 조언을 받을 수도 있지만 필수적인 것은 아니다. 건강한 멘토도 필요하지만 이 역시 없다고 못하는 것은 아니다. 다만 함께 공부해야 할 필요는 있다. 그런 후에 부모님의 조언이나 멘토의 도움이 빛을 발할 수 있다. 부부 스스로가 어떤 가족으로 살고 싶은지 명확하지 않은 상태에서의 조언은 오히려 방향을 찾는 데 어려움만 줄 수 있기 때문이다.

부부가 중심이 되려면 먼저 하나가 되어야 한다. 우리 부모님을 봐도 또 다른 많은 부부들을 봐도 부부가 하나 되는 것이 가능할까 싶었다. 하지만 우리 부부가 하나 되는 것을 배우기 시작하면서 가능한 것이라는 것을 알게 되었다.

부부가 하나 되는 것은 결코 쉬운 일이 아니다. 그렇다고 불가능한 것도 아니다. 부부의 하나 됨에 대해서는 『행복한 결혼생활을 위한 감정공부』가 도움이 될 것이라 생각한다.

부부가 하나 되기까지 정말 많이 싸워야 한다. 하지만 싸움 자체로 하나가 되지 않는다. '부부 싸움은 칼로 물베기'라는 말은 이미 옛말이 되었다. 그렇기 때문에 부부가 하나 되기 위해서는 잘 싸워야 한다. 피할 수 없는 싸움뿐 아니라 하나 되기 위한 싸움도 함께해야 한다.

여기서 싸움은 단순히 상대방과의 싸움이 아니다. 먼저 자신의 내면에서 일어나는 수많은 싸움에서 마음을 주도하고 다스릴 수 있어야 한다. 마음이 불길에 사로잡히면 자신도 상대방도 복구하기 힘든 심각한 상처만 남을 수 있기 때문이다. '싸움의 목적은 무엇인가?', '이를 통해 상대가 얻을 것과 내가 얻을 것은 무엇인가?', '어느 선까지 타협을 하고 어느 선까지 진행할 것인가?', '급한 마음에 한번에 다 마치려고 하는 것은 아닌가?' 등등 스스로에게 질문을 던지고 이에 대한 답을 찾은 뒤 싸움에 임해야 한다.

인간은 지극히 감정적인 동물이라 생각보다 너무 쉽게 감정에 휘둘린다. 감정에 휘둘리지 않기 위해서, 혹시나 감정에 휘둘렸더라도 이후 바른 대응을 위해서 스스로 질문하고 답을 찾는 것은 매우 중요하다. 그래야 함께 이길 수 있는 싸움을 할 수 있기 때문이다.

그렇다고 매사 죽기 살기로 싸움만 하자는 것은 아니다. 때로는 너무 지나치게 잘하고 싶어서 싸움이 일어나기도 하기 때문이다. 힘을 조금만 빼면 '해야 할' 싸움이 확연히 줄어든다.

어떤 이에게는 문제가 되지만 어떤 이에게는 문제가 되지 않는 것들이 있다. 결혼 전 미리 파악할 수 있고 합의할 수 있으면 좋겠지만 사실상 불가능하다. 사람마다 성향이 너무 다르기 때문에 각각의 기준도 다르다. 그래서 가족만의 원리에 따라 변함이 없어야 할 본질의 문제가 아니라면 그냥 넘어가는 것이 좋다.

'자녀를 이 잡듯 잡지 말라.'는 말이 있다. 모르고 속기도 하고 알면서 속아주기도 해야 한다. 자녀 스스로 자신의 생각과 행동에 부끄러움을 느끼고 변화될 수 있도록 돕기 위해서이다. 부부는 물론 모든 가족 간에도 이런 자세가 필요하다. 속기도 하고 속아주기도 하면서 넉넉한 품을 만드는 것이 필요하다.

그 품 안에서 서로 존중하고 배려하는 가족으로 자라야 한다. 부부가 오래 살수록 서로 편해져 존중과 배려가 사라지면 안 된다. 물론 처음처럼 어색함이 묻어 있는 존중과 배려가 아닌 편안하지만 더 깊어진 존중과 배려가 되어야 할 것이다.

자녀에 대한 존중과 배려는 더욱 그렇다. 품 안의 자식은 오래 가지 못한다. 부모가 절실히 필요한 시기가 지나면 스스로 독립할 수 있도록 존중하고 배려할 수 있어야 한다. 5세 미만의 아이들에게는 '예스'와 '노'가 분명해야 한다. 초등학생들은 심부름도 시키고 이런저런 일에 동참시켜야 한다. 청소년기부터는 스스로 하도록 기다릴 수 있어야 한다. 그렇게 어른이 되어 가족을 이루면 자녀의 가족은 자녀의 결정이 가장 우선임을 알고 존중할 수 있어야 한다. 이외에도 가족만의 존중과 배려가 잘 자리 잡는다면 이 사회가 훨씬 좋아질 것이라 굳게 믿는다.

나는 상대적으로 좋지 않은 환경에서 어린 시절을 보내느라 가족과의 추억이 별로 없다. 그래도 최선을 다해 나를 키우신 어머니 덕분에 몇몇 추억이 있다. 서울 남산에서 롤러스케이트를 배우고 학교 운동장에서 자전거를 타던 기억이 생생하다. 비록 이복동생들이지만 친동생보다 더 끈끈한 추억을 쌓았다. 그런 추억들이 지금의 나를 만들었고 '그 추억으로 이루어진' 내가 지금의 내 가족을 만들어가고 있다.

지금 내 가족이 완벽할 수는 없지만 그럼에도 늘 만족스럽다. 부부가 하나 되는 방법을 알고 늘 부부가 중심이 되어 가족을 경영해간다. 해결할 수 없는 큰 문제를 만나 고심하고 속이 상할 때도 있다. 하지만 이 과정에서 내려놓는 방법과 때를 기다리는 방법을 배울 수 있게 되었다. 그렇게 오늘도 우리 가족은 부부를 중심으로 한 걸음씩 나아가고 있다. 이 책을 읽는 독자분들의 가족도 행복한 한 걸음이 매일 이어지길 소망한다. 절망 속에 위로를 얻고 다시 희망할 수 있는 가족이 되길 응원한다.